KB236244

배효숙의
리넨 + 거즈 DIY

어릴 적 제 옷을 만들어주시던 엄마의 재봉틀. 처음엔 육중한 발틀을 떼고, 다음엔 앉은뱅이 옷을 입고,
그리고 가끔 삐걱거리면서도 이것저것 소소한 물건들을 박음질하며 30년 세월을 버텨오더니
결국 고장이 나버렸다기에 "그거 내게 보내줘요" 하고는 내 작업실에 들여놓았어요. 여기저기 먼지가 앉아
망가진 재봉틀을 꼼꼼히 닦아내며 '내가 이 녀석을 꼭 고쳐 써야지' 하는 생각이 드는 건 왜일까요….

오래 손때가 묻은 것, 꾸미지 않았지만 멋이 나는 것, 자연스러운 모양새가 아름다운 것.
요즘은 그런 것들이 참 좋아요.

그런 마음의 연장선인지는 모르겠지만 바느질도 '자연스런 손맛'이 느껴지는 것이 좋아요.
이것저것 꾸미지 않고 그 쓰임새에 맞는 모양으로 만드는 것.
그리고 오래오래 나달나달하게 닳아가는 모습이 거슬리지 않고 그저 자연스러운 것.

저의 삶의 모습도, 나이 들어가는 모습도 그랬으면 좋겠다는 생각을 합니다.

예쁜 책, 좋은 책 만들기 위해 참 많이 애쓰신 스태프분들, 함께 일하며 늘 새롭게 배우게 되네요.
세월을 더할수록 그 소중함이 더해가는 나의 가족, 고맙고도 미안해요.
그리고 언제나 같은 곳을 향해 가는 바느질 마니아분들, 함께 갈 수 있어 기쁘고 또 감사합니다.

2009년 11월
배 현 숙

Contents

How to Make

Dear, Sweet Home

5월 저녁 여덟 시경의 집이 좋다.
나는 설거지를 끝내고,
식구들은 TV를 보고 있는 시간.
열어둔 창으로 어디서인지 모를 라일락 향이
조금은 차갑고 조금은 설레는 듯한 바람결에 실려 오고,
걸어둔 CD플레이어에선 앙드레 가뇽의 연주곡이 흘러나오는
그 고요하고 나른한 시간이 좋다.

오늘 하루 힘들었던 시간도
그저 방바닥에 볼을 대고 누워
가만히 눈을 감고 있노라면
어느새 먼 옛날 일처럼, 아주 사소한 일처럼
잦아드는 시간….

나에게 집이 그러하듯
나의 가족에게도 나는 그런 집이고 싶다.

JOY OF MAKING
natural & chic style women
t sewing studio Joy
http://joom.pe.kr
since 2001
design by Hyo Suk Bae

그 여름의
냄비장갑

How to make → 90p

어릴 적의 한여름 오후,
바싹 마른 햇볕 끝 어디선가 끝도 없이 반복되는 매미 소리.
엄마가 앞마당에 뿌리고 간 물기가 빠르게 마르는 냄새.
끼익끼익거리며 몽롱한 의식 속을 쉼 없이 돌고 있는 선풍기 바람.
거기, 마루 위에 대자로 누워 가물가물 꿈결을 헤매던 그 여름.
그 나른하던, 두 번 다시 오지 않을 여름을 추억하며
쓰다 남은 조각 천으로 만드는
여 름 냄 새 나 는 냄 비 장 갑 .

엄마표
도시락 보자기

How to make → 94p

누군가 지금까지 살면서 가장 행복했던 순간을 물으면

너를 낳던 날이라고 망설이지 않고 말하게 해줘서 고마워.

세 살 때 놀이터 앞에서 길 잃었을 때 멀리 가지 않고

거기 서서 기다려줘서 고마워.

처음 어린이집 가던 날, 많이 무서웠을 텐데

눈물 뚝뚝 흘리면서도 잘 참아줘서 고마워.

어버이날마다 달아주었던 카네이션,

아무 때나 써주었던 쪽지들.

네가 지금까지

엄마에게 주었던   행복한 시간, 기억들.

하나도 놓치지 않고

도시락에 꼭꼭 눌러 담아

예쁜 리넨 보자기로 싸서

네게 다시 선물해줄게.

시원한 한 줄기 바람 같은
컵받침

How to make → 92p

아버지께 드릴게요.

화상 흉터로 한여름에도

소매 긴 셔츠를 입어야 하는 아버지.

8월 그 뜨거운 날, 친구 아들 결혼식 다녀오는 길에 들렀다며

긴 셔츠에 긴 재킷을 벗지도 못한 채

송글송글 이마의 땀을 닦아내던 아버지.

너무도 좋아해서 아끼던 리넨 레이스

한 귀퉁이를 잘라 꼼꼼히 꿰매 만든 컵받침.

누구에게도 내어놓지 않던,

눈으로만 쓰다듬던 컵받침을 아버지 앞에 내어놓고

얼음 가득 넣은 아메리카노 한 잔.

시원한 바람 한 줄기 필요한

아버지께 드릴게요.

뒤늦은 시작을 위한
리본 장식 앞치마

How to make → 95p

남들보다 늦은 신혼을 시작하는 너를 위해 만든 거야.

집들이 손님 초대할 때 입으라고….

공주 같거나 너무 발랄한 앞치마를 입고 나타나면 안 돼.

손님들이 놀랄지도 몰라.

아니, "예쁘시네요~" 해야할 지,

"나이에 맞지 않게 주책이시네요~" 해야할 지 잠시 고민할지도 몰라.

어른스러운 너를 닮은 단아한 모양새지만

덜렁이에다 건망증 100단인 너를 생각해 주머니는 큼직하게 두 개나 만들었어.

주머니 속에 넣은 것도 잊어버린다면…, 그것까진 내가 책임 못 져.

그래도 신혼인데…, 라며 볼멘소리를 할 거면

뒤를 봐.

사랑스러운 새신부예요~ 하고도 남을 리본이 있잖아?

요즘 여배우들의 레드카펫 드레스도 뒷모습이 포인트야.

이런 특별한 앞치마를 선물할 수 있는 사람, 나뿐인 거 알지?

행복해야 해~.

낡을수록
멋스러운
리넨 앞치마

How to make → 98p

투박하고 자연스러운 질감에 반해 사두고는 아까워서 쳐다만 보고
만져만 보느라 차마 가위질을 못했던 리넨. 올가을, 드디어 가위질을 한다.
심플한 디자인에 십자수 이니셜로 포인트를 준 앞치마.
세월이 한참 지나 여기저기 얼룩이 지고,
닳고 닳아 나달나달해진 앞치마를 보고 싶다.
그게 바로 세월의 더께가 쌓일수록 깊어지는 리넨만의 매력이 아닐는지.

마음속까지 뽀득뽀득
키친클로스

How to make → 100p

영화 〈카모메 식당〉에서 내 마음을 가장 흔든 건
엉뚱하게도 투명한 유리컵을 키친클로스로 뽀득뽀득 닦던 여주인공의 모습.
영화를 보고 난 한참 후에도 그 장면이 잊혀지질 않아 마침내 키친클로스를 만든다.
식탁보를 만들겠다고 사뒀던 도톰한 리넨을 자르고 빨간색 수실로 이니셜도 살짝 수놓는다.
아끼던 올리브 비누로 빨래판에 박박 문질러 세탁을 하고 햇볕에 바싹 말린 키친클로스.
마음속 먼지까지 닦여 나가는 느낌.

추억을 꿰매는
커튼 & 식탁보

How to make
→ 102,104p

내가 처음 만든 커튼은 장롱 하나, 책상 하나,
200ℓ 짜리 냉장고 하나로 꽉 찼던 신혼 단칸방의 작은 창에 달았다.
수원 지동시장에서 끊어 온 아이보리색 바탕에 노란 꽃이 흩뿌려져 있던 원단.
거기에 주름 잡아 팔던 노란색 프릴을 사와 손바느질로 꿰매 만들었던 두 폭짜리 커튼.

그 다음 만든 커튼은 하얀색 노방 커튼. 새로 산 재봉틀로 드르륵드르륵 만들어
17평 연립주택 거실 창에 걸었다. 그 커튼 뒤에 숨어서 장난치다가 엄마가 없어지면
'으앙~' 울음을 터뜨리던 이제 막 걸음마하던 아기 미노의 추억도 함께 있다.
그런 거였구나. 단지 커튼을 만드는 단순한 작업이라 생각했는데 지나와 보니
추억을 하나하나 꿰매는 작업이었구나.

낡은 의자
커버링

How to make → 106p

낡은 의자를 쉽게 버리지 못하고 새하얀 커버를 만들어 씌운다.
사람 옷의 치수를 재듯 폭, 길이, 높이 그리고 등굽음까지 세세하게 재다 보니
'아, 등판 위아래 크기가 달랐던 거야? 생각보다 방석이 크네?'
십 년 가까이 매일 앉으면서도 몰랐던 사실을 새삼 알게 된다.

늘 곁에 두고도 그 속까지 들여다보지 못했던 게
비단 이 의자뿐이었을까.

For Nature Life

언젠가부터 저녁에 형광등을 켜지 않게 되었다.
처음엔 밝은 형광등에 익숙했던 눈이 꽤나 답답함을 느꼈는데
익숙해지니 마음이 잔잔해진다고나 할까, 그런 기분이 참 좋다.

밝은 불빛 아래에선 굳이 눈을 모아 보지 않아도 보이고,
애쓰지 않아도 내 것이 된다.
그래서 더 무심해질 수밖에 없는….

보이지 않는 답답함으로
비로소 눈을 모아 하나하나 시선을 고정하면
늘 곁에 있었던 사소함의 또 다른 모습을 보게 된다.

익숙한 것에서 잠시 눈을 돌려 보면 새로운 세상이 보인다.
그 세상이 대단한 것이 아닐지라도….

시린 발에
호호 덧신

How to make → 108p

양말을 잘 신지 않는 나.
한겨울에도 맨발로 다니면서
"발이 시려, 발이 시려" 한다.
그런 나, 이니까
찬 바람 불 기 시 작 하 면 해 야 할 일 1 순 위 는
바 로 덧 신 만 들 기 .

올해 덧신은 작년 것보다 더 두툼해졌다.
한 해 한 해 해를 더할수록
조금씩 더 두툼해지는 내 덧신.

마음을 열어주는
베개 & 이불커버

How to make → 111, 114p

미노가 금강산으로 수학여행을 떠난 2박 3일.
돌아오면 짠! 하고 뭔가 기뻐할 일을 만들어두고 싶었는데,
그게 바로 미노 방을 새롭게 꾸미는 일.
낡은 책상을 바꾸고, 이불과 베개커버를 새로 만들어 씌우고, 난장판인 방도 깨끗이 정리했다.
남편에게 미노의 반응이 어떨지 물으니 아마도 '무반응' 일 거라고.
하지만 마음속으론 분명 기뻐할 거라 말했는데 역시나 돌아와 방에 들어선 녀석은 반응이 없다.
섭섭한 마음은 조금 접어두고
'괜찮아, 괜찮아. 지금까지 너무 착하고 예쁜 아들이었던 걸로 충분해.
이제 내가 빚을 갚을 차례지' 하고 짐짓 쿨한 척했다.
그런데 밤에 잠자리를 살펴주는데 와락 목을 껴안는 녀석.
" 엄 마 ,   미 안 해 … . 고 마 워 … . "

+ Hand made
for only you +

탈매너리즘
쿠션

How to make → 118p

바느질에 한창 재미 들렸을 때는
쿠션 하나도 참 여러 가지로 만들곤 했다.
그런데 어느 순간 늘 그 모양이 그 모양.
더 이상 꺼낼 게 없어진 과자 상자처럼 매너리즘에 빠졌다.

그 때 문득 떠오른 기억 하나.

스무 살 무렵 아동복지시설의 자원봉사자로 일하면서
필요한 돈을 마련하기 위해 콘서트를 기획한 적이 있었다.
후원을 부탁하는 우리에게 가수 정태춘 씨가 그랬다.
"구걸하지 말고 투쟁해서 쟁취하라"고.
따끔한 그 한마디 충고에 자극받아 한겨울 길거리에서
떡볶이와 김밥을 팔며 우리의 손으로 후원금을 모았다.

'나, 매너리즘에 빠졌구나' 는 생각과 함께 그때가 떠올랐다.
삶이란 치열하게 사는 사람의 몫이란
당연한 이치를 나이 마흔에 다시 배우고 있다.

잘 부탁합니다
화장품 파우치

How to make → 120p

몇 달 전 하늘나라로 간 흰둥이의 물건을 정리해
강아지를 키운다는 친구의 친구에게 보내기로 했다.
짐을 싸다가 왠지 '잘 부탁합니다' 라는 마음을 전해야
할 것 같아 예전에 만들었던 파우치를 함께 넣었다.
녀석의 물건은 이렇게 보내지만
함께한 추억, 사랑한 기억은 곱게 챙겨두고서….

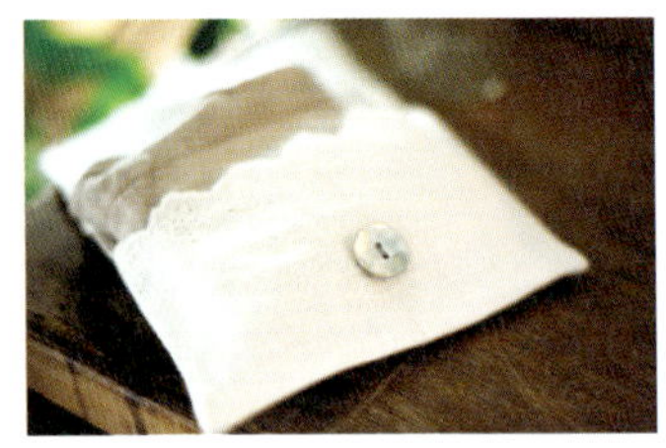

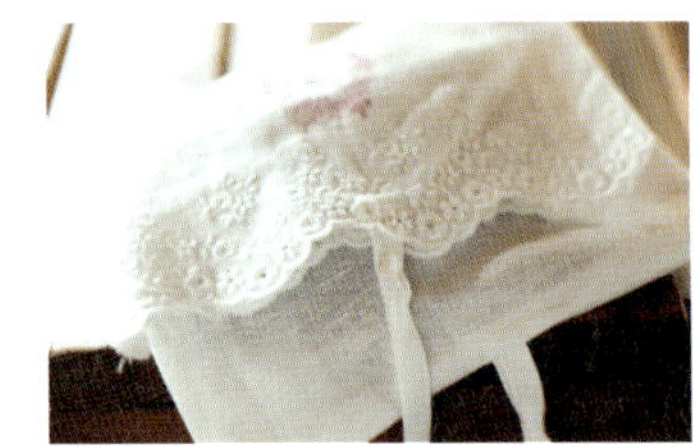

+1g의 선물
양말 & 손수건 파우치

How to make → 124, 126p

선물을 해야 한다면
마음을 1g쯤 함께 담고 싶다.

부드럽고 뽀송한 순면 손수건 한 장,
까슬한 촉감이 시원한 리넨 양말 한 켤레.
스칼럽 장식이 사랑스러운 리넨으로 만든 파우치에
'고마워요' 라고 쓴 쪽지를 함께 넣어서
내 마음을 전하는
+1g의 가볍고도 묵직한 선물.

정리의 여왕
브러시케이스

How to make → 128p

어찌된 영문인지 내 물건은 도대체 정리가 안 된다.
제대로 된 화장 한 번 해볼라치면
어디에 꽁꽁 숨은 건지 보이지 않는 브러시들.
더 이상 찾아 헤매지 않도록 이 녀석들을 꽁꽁 가두어둘
케이스가 필요하다.
일본어 수업 들으러 갈 때 쓸 필통으로 만들었지만
급 용도 변경을 한 브러시케이스.
펜슬이건, 립글로스건 길쭉한 녀석들은 모두 불러 모아 조르르 끼워둔다.
돌돌 말아두면 필요할 때 한번에 착 펼쳐 사용하기도 좋고,
어디 여행 갈 때도 이거 하나만 챙겨 가면 되니
내조의 여왕은 못 되어도 정리의 여왕은 될 수 있지 않을까.

Natural textile Hand made
sewing studio Joy of making
design by Hyo Sук Lee

옛 사진 속
앤티크 동전지갑

How to make → 130p

언젠가부터 낡은 것들이 좋아졌다.

할머니와 엄마의 옷장에서 찾아낸 것 같은 소박하지만 정겨운 그런 물건들.

내 가장 어린 사진 속, 꽃 같은 엄마의 손에 들려 있던 앤티크 동전지갑.

엄마 몰래 장롱에서 꺼내 들고 어린 내 손가락으로는 열 수가 없어

한참을 낑낑거렸던 기억이 있다.

어렸던 나, 젊었던 엄마의 기억이 문득 그리워 만든 똑딱지갑.

한번에 '똑딱' 열려버리는 게 신기하기도 하고 조금 허탈하기도 했던

잠시 잠깐의 타임머신 여행.

엄마 대신
다용도 주머니

How to make → 132p

혼자 문을 열고 들어와 혼자 간식을 챙겨 먹어야 하는
그 시간이 왠지 짠해서 엄마를 대신할 간식 주머니를 만든다.
아까워서 가위를 선뜻 못 대고 눈요기만 하던 원단을 꺼내
복조리 모양 주머니를 만들고 간식을 넣어
쪽지 한 장과 함께 식탁 위에 올려놓는다.
짐짓 시크한 척해도 아직은 어린 열여섯.
텅 빈 집에 혼자 들어서는 쓸쓸함을 식탁 위의 주머니 하나로
조금은 잊어주기를 바라는 엄마의 마음.

너, 혹시 알고 있니?

Handmade Bag

반듯하지 않은,
성긴 모양새에 비뚤비뚤한 바느질의 가방에 더 정이 간다.

바느질하는 내 옆에서
어설픈 가위질로 천 조각을 잘라 듬성듬성 꿰매 만들고는
눈을 빛내며 기뻐하던,
가방이라 이름 붙이기도 애매했던,
아이가 처음 만든 그 가방이 좋았고

처음 재봉틀을 사고 나서
크기를 어떻게 해야 할지 몰라
신문지로 미리 재단하고
버벅대며 만들었던,
아직 어렸던 내 아이의 작은 크로스백이
차마 버리지 못하고 고이 모셔둘 만큼 좋았다.

옷을 만들 때는
서툰 바느질, 어설픈 모양새가 거슬리지만
가방을 만들 때는
왠일인지 비뚤비뚤한 바느질도, 길이가 맞지 않는 가방끈도
그냥 피식 웃음 웃는 너그러운 마음이 되고 만다.

참 이상하게도
그런 마음이 된다.

휴일 오후의
미니 숄더백

How to make → 135p

휴일 오후, 늦은 아침을 먹고 트레이닝 바지에 카디건 하나 걸치고
작은 숄더백에 좋아하는 책 한 권 넣어 슬리퍼 뒤축을 가볍게 끌며 걷는다.
동네 길모퉁이를 천천히 돌면 바람이 잘 통하는 카페.
손때가 반들거리는 낡은 의자에 몸을 기대고 앉아 향 좋은 차 한 잔을 오래 즐기는
게으르고 게으른 일상.

초원의 집
레이스 토트백

How to make → 138p

딸이 있다면 만들어 주고 싶은 가방이 하나 있다.
〈초원의 집〉에 나오는 여자아이들에게 어울릴 것 같은
풍성한 주름에 레이스를 덧댄 가방.
초콜릿색 벨벳으로 손잡이를 만들고, 빛이 고운 수실로
이니셜을 새겨 넣은 다음, 한쪽에 코사지를 달아주면 완성.
도톰한 벨벳 손잡이를 암팡지게 쥐고
주름 잡힌 꽃무늬 원피스 자락을 펄럭일
작고 귀여운 여자아이, 어디 없을까?

내 친구의
내추럴 숄더백

How to make → 141p

짧은 커트머리에 찢어진 청바지 차림으로
김광석의 '서른 즈음에'를 흥얼거리던 내 친구.
낡고 커다란 숄더백을 인생의 짐처럼 메고 다니던 그녀는
어느 날 소리 없이 우리 곁을 떠났다.
그리고 몇 년 후, 문득 날아든 에펠탑 사진이 담긴 엽서 한 장.

Comment allez-vous?
Je vais bien!

어쩌면 그 낡고 커다란 숄더백과 함께 파리의 어느 하늘에 있을 그녀.
다시 만날 수 있다면
그녀를 생각하며 만든 커다란 숄더백을 어깨에 걸어주고 싶다.

꽃무늬 토트백
by 램프의 요정

How to make → 144p

결혼 15년 만에 처음 해보는 혼자만의 저녁 외출.
옷차림에 어울리는 가방이 없어
스커트 만들고 남은 원단을 찾아내 허둥지둥 재봉틀 앞에 앉는다.
길쭉한 직사각형으로 자른 원단을 드르륵 잇고,
어디에 쓸지도 모르면서 무턱대고 사두었던 가죽 손잡이 한 쌍을 꺼내 박는다.
밋밋하지 않도록 가죽 끈으로 입구를 둘러주니 블랙 스커트 정장에
이보다 더 잘 어울릴 수 없다.
램프의 요정 지니처럼 원하는 걸 뚝딱 만들어낸 내가 참 기특해
머리라도 쓰윽 쓰다듬어주고 싶었던 날.

내 마음의
속옷 가방

How to make → 146p

나이 서른여덟에 처음 배우기 시작한 일본어.
조금은 서툰 한국말로 "안뇨하세요?" 첫인사를 건넨 하루에가 내 일본어 선생님.
낯선 이국 생활이라 방 한 귀퉁이 낡은 종이 박스 몇 개로 가구를 대신한
그녀를 위해 속옷 가방을 만든다.
스물다섯 그녀다운 빛 고운 속옷도 차곡차곡 개켜 넣을 수 있고,
고향에 계신 어머니가 생일 선물로 보내왔다면서
코끝을 찡그리며 자랑하던 새하얀 파자마도 들어갈 넉넉한 크기로.
몇 년 후 낯선 어느 곳에서 고달픈 하루를 마감하는 밤,
이 가방을 꺼내보며 잠시 행복하다 생각해주기를…

My Favorite Thing

어릴 때,
종이인형 옷을 만드는 게 좋았다.
인형의 몸을 대고 어깨선, 소매를 연필로 그리고
스커트 끝단도 표시하고.

나풀나풀 레이스가 한껏 부풀려진 드레스,
가슴 가득하도록 커다란 리본을 단 블라우스,
때론 미니스커트까지.
색을 칠하고 가위로 잘라 입히고….
입고 싶지만 입을 수 없는 옷들을 만드는
그 시간이 참 행복했다.

바느질을 하게 되면서
어린 시절 그 인형놀이를 다시 하고 있다는 생각을 한다.

입고 싶은 옷을 생각하고,
옷본을 만들고, 색색의 원단을 가위질해서
조각조각을 이어
옷을, 가방을 만드는 시간들.

어린 시절의 그 인형놀이와 다른 점이 있다면,
꿈만 꾸던 그때의 나와는 달리
그 꿈속에 내가 들어가 있다는 것.

바느질하는 지금 이 시간이
그래서 참 소중하다.

INTEG
U
MEN T
S
MARTIN
MALONEY

행복 주문
코사지

How to make → 149p

스무 살의 나에게 선생님이라 부르던 그 아이.
엄마 대신이라며 내 가슴에 카네이션을 달아줄 때 숨기지 못하고 울컥 눈물이 났다.
언제나 힘이 잔뜩 들어가 있던 그 아이의 서늘한 어깨를 꼬옥 안아주며
'힘내, 기죽으면 안 돼.' 그 아이에겐지, 나에겐지 모를 혼잣말을 했던 그해 봄.
다가올 그 아이 결혼식에선 한 장 한 장 내 손으로 자르고 묶은 코사지를
그 아이의 단단한 가슴에 꽂아주고 싶다.
' 행 복 해 져 야   해 … .

내 남자표
머플러

How to make → 150p

백화점에서 사면 될 것을
굳이 직접 만들겠다며
TV 앞에 쪼그려 앉아 올을 하나하나 풀고 있다.

허리가 뻐근하도록 풀어낸 올을
다시 한 가닥 한 가닥 꼬아 묶고 있자니
손가락 끝이 얼얼하다.

누군가 열심히 엮었을 올을 이렇게 다시 풀어내는 바보라 해도
한 올 한 올 묶으며
'그'를 사랑하는 내 마음도 함께 묶고 있다는 거,
그거 모르지?

주문처럼,
머플러에 함께 묶인 내 마음이
세상의 모든 바람으로부터
우리를 지켜줄 거라는 혼자만의 상상.

영화 속
랩스커트

How to make → 158p

비디오테이프가 늘어나도록 보고 또 보았던 영화 〈천장지구〉에서
참 부러웠던 건 오토바이를 타고 달리는 유덕화 등에 기댄
여주인공의 웨딩드레스가 아니었다.
내가 내내 눈을 떼지 못했던 건 그녀의 발목에서 찰랑거리던 긴 스커트.
그리고 20년이 다 되어가는 지금, 기억을 더듬어 그 스커트를 만든다.
그녀처럼 얇은 허리, 가는 발목이 아니어도 좋다.
시간을 거슬러 20년 전 그 시간으로 내가 잠시 다녀왔었다는 것,
그래서 그때처럼 가슴 두근거렸었다는 것, 그것만으로도 충분하다.

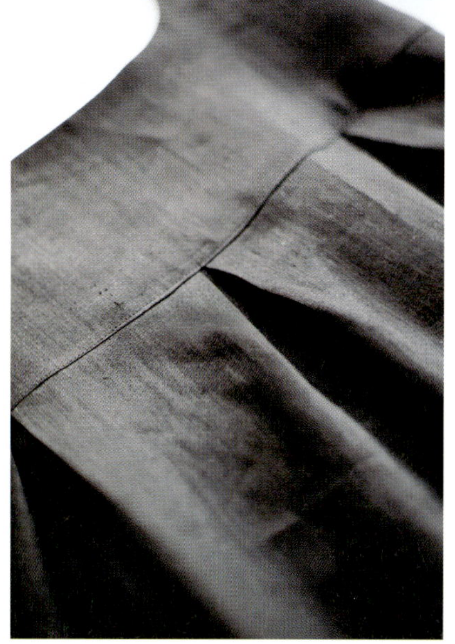

심플해서 더 예쁜
에이프런 원피스

How to make → 151p

미국 펜실베이니아주 랭커스터에서 공동체를 이루며 사는 그들을
'아미시 사람들' 이라고 부른단다.
현대 문명을 거부하고 가장 단순하게, 가장 전통적인 모습으로 살아가는 그들.
화이트 드레스에 블랙 에이프런 원피스를 덧입고
가늘고 섬세한 끈을 단 보넷을 쓴 아미시 여인의 사진에서 내내 눈을 떼지 못한다.
자꾸만 설레게 하는 '아미시의 옷' 을 흉내 낸 블랙 에이프런 원피스.
때론 가장 단순한 것이 가장 아름답다.

용기가 필요한
캐미솔 탑

How to make → 154p

그녀가 입은 캐미솔 탑이 부러웠다.

길고 흰 라운드 네크라인의 심플한 원피스 위에 가볍게 걸친 짙은 컬러의 캐미솔 탑.

겉옷 위에 속옷을 입은 것 같다고, 아무에게나 어울리는 게 아니라고,

그래서 '내 취향'은 아니라고 입버릇처럼 말했던 옷.

변덕쟁이, 거짓말쟁이 내가 조금 부끄러워 몰래몰래 만들었지만….

만들고 난 후에도 선뜻 입지 못하고 쳐다만 보고 있다.

역시 입는 데도 용기가 필요한, 내겐 조금 힘든 옷인가 보다.

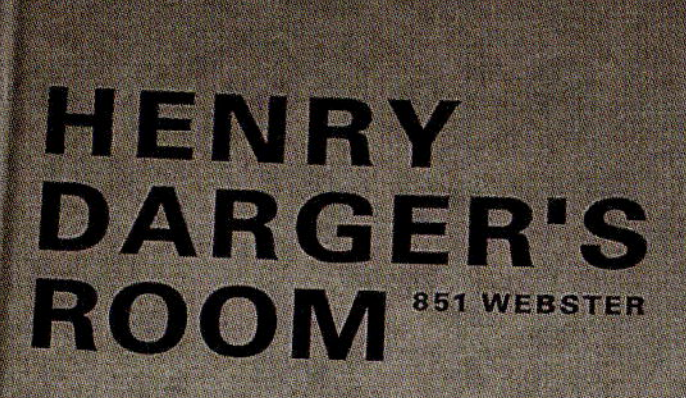
HENRY
DARGER'S
ROOM 851 WEBSTER

엄마 품처럼 따뜻한
튜닉 블라우스

How to make → 156p

어릴 적 엄마가 만들어준 옷을 고마워할 줄 몰랐던 나는

나이 마흔이 되어서야 처음으로

엄마를 위한 옷을 만든다.

불편하지 않게 넉넉한 품으로,

나이 들어 보이지 않게 트렌디한 옷감으로,

뼈 마디마디 숭숭 바람이 든다는 엄마를

조금은 따뜻하게 안아줄 튜닉 블라우스.

마흔 줄의 딸은

일흔 줄의 엄마에게 이제야 조금 빚갚음을 한다.

내게 주는 선물
화이트 원피스

How to make → 161p

한동안 거짓말처럼 바느질이 싫어졌던 때가 있었다.
뭘 해도 신이 안 나던 그때 우연히 본 드라마 〈롱 버케이션〉.

세나: 난…, 언제나 분발할 필요는 없다고 생각해. 왜 있잖아,
뭘 해도 잘 안 될 때가. 뭘 해도 안 되는 때…. 그럴 때는 뭐랄까,
말투는 좀 이상해도 '하느님이 주신 긴 휴가' 라고 생각해.
무리하지 않는다. 초조해하지 않는다. 분발하지 않는다.
흐름에 몸을 맡긴다….
미나미: 그렇게 하면?
세나: 회복이 되는 거지.
미나미: 정말로?
세나: 아마도….

그래서 만든 화이트 원피스.
내가 내게 주는 선물.

How to Make

실물 패턴이 있는 옷 & 소품

리본 장식 앞치마, 리넨 앞치마, 덧신, 미니 숄더백, 레이스 토트백, 코사지,
랩스커트, 에이프런 원피스, 캐미솔 탑, 튜닉 블라우스, 화이트 원피스

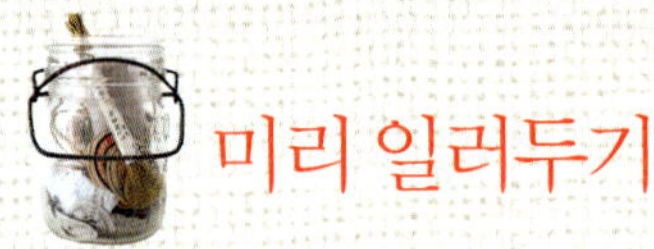

미리 일러두기

1. 사이즈

이 책에 소개된 옷은 XS(44) / S(55) / M(66) / L(77) / XL(88)의 5사이즈로 구성되어 있습니다. 사이즈 표는 실물패턴의 앞면에 기재되어 있으니 해당 부분을 참고하여 본인에게 맞는 사이즈를 택하세요.

옷 길이는 뒤판의 네크라인 중심에서 옷자락 끝까지를 측정한 것입니다. 패턴 사이즈와 자신의 신체 사이즈를 비교하여 자신에게 맞게 수정하여 만들 것을 권장합니다.

수록된 옷의 실물 패턴은 표준 사이즈로 만들어진 것이므로 개인에 따라 잘 맞지 않을 수도 있습니다. 이런 부분은 만들고 난 후 체크하여 자신에게 잘 맞는 패턴으로 수정하는 것이 좋습니다.

옷의 재단 배치도는 M(66) 사이즈가 기준이며 사이즈가 다른 경우 배치 오차가 조금씩 발생하므로 이 점 유의하시길 바랍니다.

2. 원단 필요량

원단과 부자재의 필요량은 크기가 작은 소품의 경우 여유분을 포함하지 않은 실제 필요량을, 크기가 큰 소품이나 의류의 경우는 재단 시 로스분을 감안하여 여유분을 포함한 양을 기재한 것입니다.

3. 재봉

굳이 식서 방향에 맞춰 재단하지 않아도 되는 소품은 식서 방향을 표시하지 않았으며, 의류와 같이 반드시 식서 방향에 맞춰 재단해야 하는 경우에는 식서 방향을 표시했습니다. 패턴과 재단 배치도에 표시된 숫자 단위는 모두 cm입니다.

4. 재단

재단 배치도는 재단 시 필요한 시접분과 재단해야 할 조각의 개수를 알려주기 위한 것입니다. 재단 배치도가 있는 지면의 여건으로 인하여 부득이 실제와는 비율이 다른 경우가 있으므로 재단 배치도에 적힌 수치 위주로 보길 바랍니다.

직선으로만 이루어진 소품, 끈 등은 '만드는 법' 페이지에 패턴이 있습니다. 해당 패턴에 따라 종이본을 만들거나 혹은 직접 원단에 선을 그어 재단할 것을 권장합니다.

端布でお試しの上お使い下さい

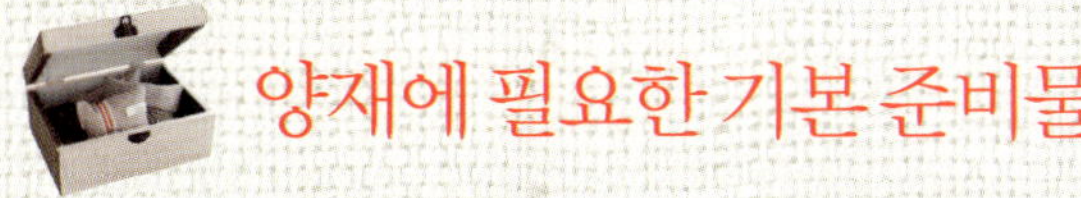

양재에 필요한 기본 준비물

1 수성펜 초크선이 잘 안 보이는 원단일 때는 완성 후 물을 뿌리면 지워지는 수성펜을 사용하면 된다. 간혹 선이 잘 안 지워지는 경우가 있으므로 미리 테스트해보는 것이 좋다.

2 실뜯개 박음질을 잘못 해 실을 뜯어내거나 단춧구멍을 만들 때 사용한다.

3 송곳 반드시 구비해야 할 도구이면서 가장 친하게 지내야 할 도구이기도 하다. 재봉틀로 박음질할 때 오른손에 항상 송곳을 쥐는 습관을 갖는 것이 좋다. 처음 구입했을 때 끝이 거친 경우가 많으니 고운 사포로 끝부분을 문지른 후 사용한다.

4 줄자 사이즈를 잴 때 필요하다. 가운데를 누르면 도르르 말리는 제품이 사용하기에 편리하다.

5 골무 요즘은 많이 쓰지 않지만 사용하는 습관을 들이면 아주 유용한 도구.

6 손바늘 손바느질할 때 사용하는 것으로 자신의 손에 가장 익숙한 바늘을 고르는 게 좋다.

7 초크 왁스로 만든 초자고를 추천. 다림질하면 지워지는 소재여서 다른 소재의 초크처럼 흰 옷에 그린 후 지워지지 않아 낭패를 볼 일이 없다.

8 재봉틀 바늘 가정용 바늘은 윗면의 한쪽이 납작하고, 공업용 바늘은 전체가 둥글다. 9호는 시폰, 노방 등 얇은 원단에, 16호는 데님 등 두꺼운 원단에 사용하고, 일반적으로 가장 많이 쓰는 것은 11호, 14호다. 니트 원단을 바느질할 때는 니트용 바늘을 사용하는 것이 좋다.

9 퀼트용 실 손바느질할 때 사용하면 일반 면사보다 꼬임이 없어 편리하다.

10 리넨사 손바느질로 수를 놓거나 포인트 스티치를 할 때 사용한다.

11 일반 봉재사 일반적으로 가장 많이 사용하는 봉재사로 40수 2합사, 60수 3합사가 대표적.

12 십자수실 십자수뿐만 아니라 이니셜 등 다양한 자수를 놓을 때 사용할 수 있다. 적당한 길이로 자른 후 실끝을 잡고 2가닥을 뽑아 사용하면 된다.

13~14 코아사 견사처럼 고급스런 광택과 부드러운 질감을 갖고 있지만 견사와는 달리 사용하기에 편리하고 강도가 강한 고급 봉재사.

15 고무실 잔주름을 잡을 때 주로 사용한다.

16 재단가위 26cm 사이즈가 적당하고 국산이 최고. 재단가위로는 원단 외의 다른 것을 자르면 절대 안 된다. 종이 자르는 가위는 따로 준비해두도록.

17 쪽가위 끝이 벌어지지 않은 것을 사용할 것. 재봉틀로 박음질한 후 실을 끊을 때 사용하는데, 자주 잃어버린다면 재봉틀 옆에 묶어두고 사용하면 편리하다.

18 바이어스메이커 꼭 장만해두라고 권하고 싶은 도구. 바이어스테이프를 만들 때 매우 유용하다. 18mm 사이즈가 보편적으로 많이 쓰인다.

19 다대테이프 접착심지를 사용하기 편리하도록 가늘고 길게 잘라둔 것이라 생각하면 된다. 식서 방향으로 자른 것이 가장 많이 쓰이고 바이어스 방향으로 자른 것도 있다. 주머니 입구나 지퍼 다는 부분 등 박음질할 때 늘어나면 안 되는 부분에 붙여서 늘어짐을 방지하는 용도로 많이 쓰인다.

20 열접착식 양면테이프 꼭 장만해두어야 할 부자재 중 하나. 주머니나 지퍼를 달 때 매우 유용하다.

21 시침핀 머리가 플라스틱으로 된 것이 사용하기에 편리하다. 어린아이가 있다면 안전을 위해 시침핀보다는 문구점에서 쉽게 구입할 수 있는 플라스틱 집게를 사용하는 것이 좋을 듯.

22 문진 납으로 만들어진 것이므로 구입 후 자투리 원단 등으로 감싸 사용하도록 한다. 문진이 없다면 개봉하지 않은 참치 캔이나 통조림 캔을 이용해도 된다.

23 고무줄 끼우개 잘 휘어지는 재질에다 길이가 길어 고무줄 끼울 때 편리하다. 옷핀을 대신 사용해도 된다.

24 S모드자 패턴의 진동선이나 네크라인과 같은 곡선 부분을 그릴 때 사용한다.

25 그레이딩자 패턴의 직선과 시접선을 그릴 때 사용한다. 쉽게 휠 수 있으므로 곡선의 길이를 잴 때 사용해도 편리하다. 60cm 사이즈를 구입하는 게 가장 좋다.

etc.

실크심지 의류를 만들 때 많이 사용한다. 다양한 색상이 있지만 주로 흰색과 검정색을 사용한다. 심지의 까슬한 면이 접착제가 붙어 있는 면이므로 이 부분을 원단 안쪽에 대고 다리면 접착된다. 문질러 다리면 밀릴 수 있으므로 꾹꾹 누르듯 다리는 게 좋다.

접착솜 소품을 만들 때 많이 쓴다. 2온스 두께를 주로 사용하고 숫자가 커질수록 솜의 두께가 두꺼워진다.

17
18
19
25
20
21
22
23
24
KORING 1300S
KORING 1300S

1　2　3　4

패턴 그린 후 재단하기

패턴을 원단에 옮겨 그리는 것은 바느질의 전 과정 중 가장 중요한 부분이다. 이 과정을 대충 해버리면 아무리 재봉을 능숙하게 한다 하더라도 무용지물이 되어버리기 때문이다.

1 패턴(옷본)을 원단 위에 올려놓는다.
원단의 양끝을 살펴보면 원단의 조직이 다른 부분이 있다. 일정한 간격으로 구멍이 뚫려 있는 경우가 많은데 이 선에 평행한 선을 식서 방향이라고 한다.
대부분의 패턴에는 길게 화살표가 그려져 있는데, 이 화살표를 식서 방향에 맞추면 된다. 식서 방향으로 원단을 당겨보면 잘 늘어나지 않지만, 반대 방향으로 당기면 잘 늘어나는 것을 느낄 수 있는데 식서 방향을 무시하고 재단할 경우, 세탁 후 옷이 변형될 수 있으므로 주의한다. 단, 부피가 작은 소품은 식서 방향에 크게 영향받지 않으므로 패턴에 식서 방향 표시가 없는 경우가 많다.

2 패턴을 원단 위에 올려놓고 재단할 때, 패턴이 움직이지 않도록 문진 같은 무거운 물건으로 누른다. 문진이 없을 때는 가정에서 쉽게 구할 수 있는 참치 캔 등을 활용하면 편리하다.

3 초크는 모서리가 아닌 넓은 면으로 그린다.

4 패턴이 움직이지 않도록 손으로 꾹 누른 상태에서 손목이 아닌 팔 전체를 사용해 선을 그린다.

5 패턴의 선보다 2~3cm 정도 더 길게 그리는 습관을 들이자. 이렇게 하면 시접선을 그리기가 훨씬 수월하다.

6 그레이딩자를 대고 시접선을 그린다.

7 시접선 역시 길게 연장되도록 그린다.

8 재단할 때는 절대 원단을 손에 들고 자르지 말 것. 왼손으로 원단을 가볍게 누른 상태에서 가윗날 끝부분이 바닥에 닿도록 해서 재단해야 한다.

  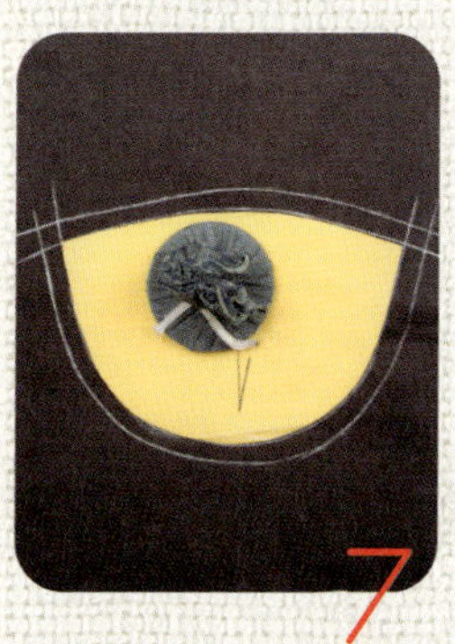 

5　6　7　8

1

2

3

4

5

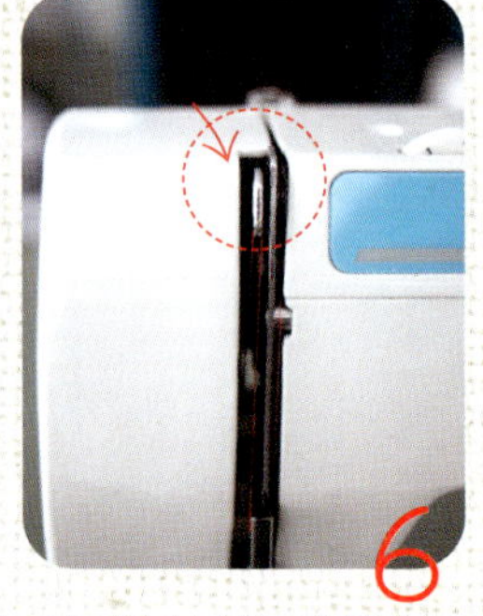

6

7

8

박음질의 시작과 끝

박음질은 재봉의 가장 기본 과정이다. 쉬운 듯하지만 순서와 방법을 제대로 지키지 않으면 재봉틀의 수명을 단축시키고 만드는 과정에도 영향을 미칠 수 있다.

1 아랫실과 윗실을 함께 모아 노루발 아래에서 오른쪽으로 빼둔다. 사소하지만 신경 쓰지 않으면 실이 엉키는 일이 잦아진다.

2 노루발을 들어 올린 상태에서 박음질할 원단을 노루발 아래쪽에 집어 넣고 박음질할 위치를 노루발의 중앙에 잘 맞춘 후 노루발을 내린다.

3 폴리를 천천히 돌린다.

4 박음선에 바늘을 정확히 푹 꽂는다.

5 원단의 왼쪽에 왼손을 올려놓아 원단이 비뚤게 진행되지 않도록 한다. 오른손에는 송곳을 쥐고 노루발 앞에서 원단을 꾹꾹 눌러 원단이 잘 밀려 나가도록 도와준다.

이때 원단을 무리하게 당기거나 밀면 바늘이 휘어지거나 부러지는 일이 생기고, 휘어진 바늘이 침판에 손상을 주어 재봉틀 고장의 원인이 되므로 주의한다.

6 재봉이 끝났으면 마지막에 되박음을 한 다음, 폴리를 손으로 돌려 재봉틀 윗부분의 실채기가 올라오게 한다. 실채기를 위로 올리지 않은 상태에서 재봉을 끝내면 다음 재봉 시 실채기에서 실이 빠지는 경우가 잦고 밑실이 엉키는 주요 원인이 된다.

7 노루발을 들어 올린다.

8 폴리를 앞뒤로 살짝 움직여 원단을 빼내고 실을 자른다.

 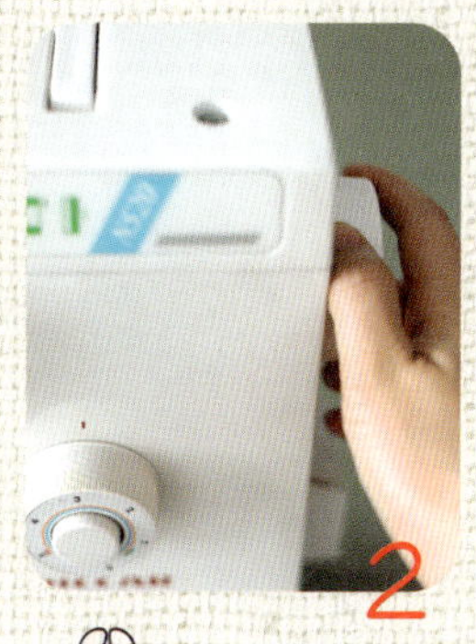  

각진 부분 바느질하기

주머니와 윗옷의 앞단 재봉 등에 필요한 바느질법으로 옷의 완성도를 결정한다고 해도 과언이 아닐 만큼 중요하다.

1 각진 부분의 끝쪽 5mm 앞에서 박음질을 멈춘다.
2 재봉틀 폴리를 몸쪽으로 돌리면서 각진 부분까지 바늘이 가도록 한다.
3 각진 부분 끝에서 바늘을 깊숙이 꽂아 멈춘다.
4 바늘이 꽂혀 있는 상태에서 노루발을 올린 후 원단을 돌린다.
5 노루발의 진행 방향을 완성선에 정확히 맞춘 후 노루발을 내리고 박음질한다.

곡선 부분 바느질하기

곡선 부분을 바느질할 때는 보통 시접 부분에 가윗밥을 넣는다. 하지만 이렇게 하면 박음선이 틀어질 염려가 있고, 곡선이 매끄럽게 처리되지 않는다. 다음의 방법으로 곡선 부분을 깔끔하게 재봉해보자.

1 완성선을 따라 박는다.
2 시접을 0.5cm 남기고 잘라낸다.
3 시접을 완성선에서 꺾어 다린다.
4 겉면이 바깥으로 나오도록 뒤집는다. 앞면에서 뒷면이 보이지 않도록 하기 위해서는 앞면이 뒷면 쪽으로 살짝 넘어가도록 하는 것이 좋다.
5 잘 다려서 완성한다.

 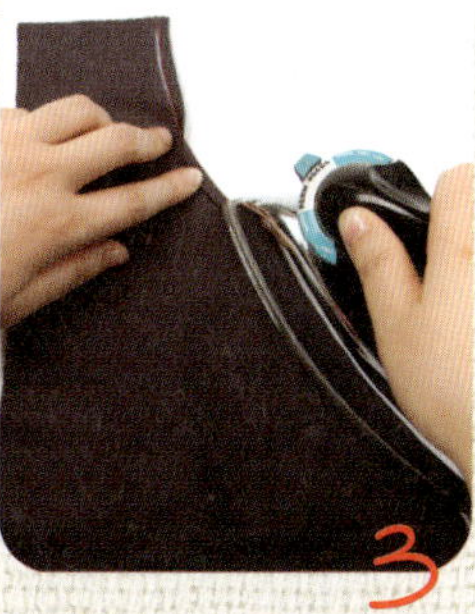  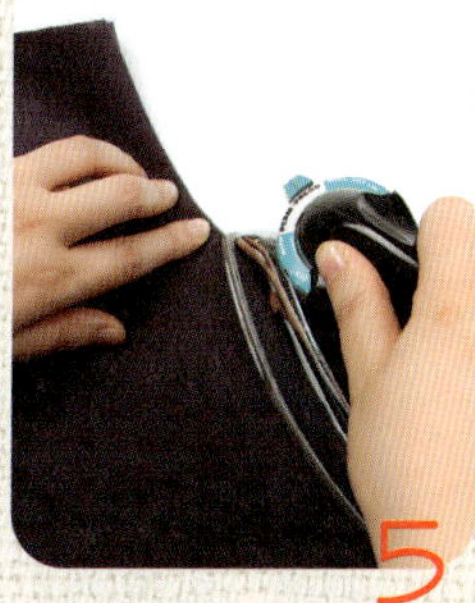

모서리 부분 바느질하기

주머니나 칼라, 베개 모서리 등을 바느질할 경우, 모서리 시접을 비스듬하게 잘라내라고 설명되어 있는 책이 많다.
하지만 실제로 바느질할 때 이렇게 하면 모서리 끝부분이 깔끔하게 처리되지 않는 경우가 많다.

1 완성선을 따라 박는다.

2 시접을 완성선에 맞춰 접어 다린다.

3 2면의 시접을 모두 사진처럼 접어 다린다.

4 원단의 겉면과 겉면 사이로 손가락을 집어 넣어 모서리 안쪽에는 엄지가, 겉쪽에는 검지가 위치하도록 해서 모서리 시접을 쥔다.

5 시접을 꼭 잡은 상태로 겉면이 바깥으로 나오도록 뒤집는다.

6 모서리가 깔끔하게 완성된 모습.

 쌈솔로 시접 처리하기

셔츠와 블라우스에 자주 사용될 뿐 아니라 가장 적합한 시접 처리 방법이다.

1 원단을 겉끼리 맞대고 박는다.

2 시접을 한쪽으로 꺾어 다린다.

3 위쪽에 있는 시접을 0.5cm 남기고 잘라낸다.

4 긴 시접(잘라내지 않은 시접)으로 짧은 시접(③의 잘라낸 시접)을 감싸 다린다.

5 ②에서 꺾은 방향의 반대쪽으로 시접을 꺾어 다린다.

6 ⑤의 시접을 눌러 박으면 쌈솔이 완성된다.

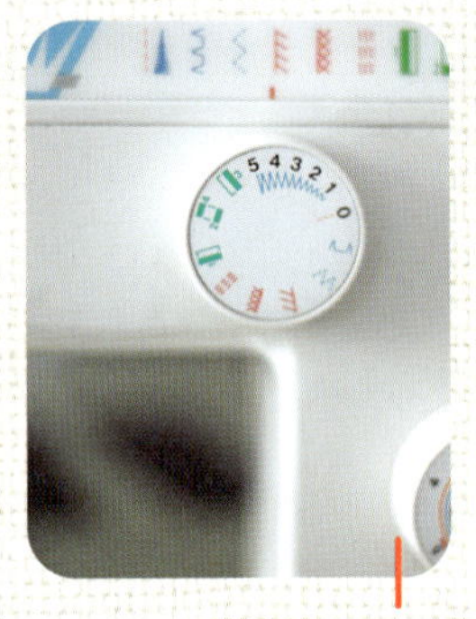

지그재그 스티치로 시접 처리하기

가정용 재봉틀로 시접 처리할 때 가장 많이 사용하는 방법이다. 요령만 익히면 의외로 깔끔하게 시접이 처리된다.

1 재봉틀의 바느질 땀 선택 폴리를 지그재그 모양에 맞춘다.

2 노루발의 가운데 사각형 홈의 오른쪽 끝이 시접의 끝에 오도록 맞춘다. 이렇게 해야 시접의 끝이 말려 들어가 깔끔하게 시접 처리가 된다.

3 지그재그 스티치로 시접 처리한 모습.

통솔로 시접 처리하기

얇은 원단의 시접 처리에 주로 사용되는 방법으로 시접이 깔끔하게 처리되는 장점이 있다.

1 원단을 안쪽 면끼리 맞대고 시접 끝에서 0.3cm 정도 들어간 선을 박는다.

2 원단을 펼쳐 시접을 한쪽으로 꺾어 다린다.

3 다시 원단을 접어 시접이 안으로 들어가게 해서 접힌 선을 다린다.

4 완성선을 따라 박는다.

5 시접을 펼친 모습.

Hand made
for only you

1

3

4

5

2

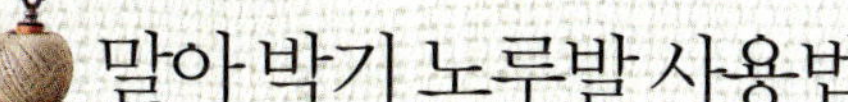

🧵 말아 박기 노루발 사용법

처음부터 만족할 만한 결과를 얻기란 어렵다. 많은 연습을 통해 자신만의 감을 찾는 게 중요하다.

1 말아 박기 노루발을 재봉틀에 끼운다.

2 시작하는 지점의 모서리를 비스듬히 잘라낸다.

3 잘라낸 모서리를 노루발에 끼워 원단의 끝이 바늘 아래까지 가도록 한다.

4 원단을 살짝 든 상태에서 박음질한다.

5 말아 박기가 완성된 모습.

🧵 주름 노루발 사용법

홈질로 주름을 잡는 방법도 있지만 주름 노루발을 사용하면 훨씬 편리하고 예쁘게 주름 잡을 수 있다.

1 재봉틀의 바늘땀 간격 폴리를 숫자가 큰 쪽으로 돌린다.

2 윗실의 장력 조절 폴리도 숫자가 큰 쪽으로 돌린다.

3 주름 노루발을 재봉틀에 끼운다.

4 주름 잡을 부분을 박으면 되는데 이때 노루발의 뒷면에 왼손의 검지를 댄 상태에서 박음질하면 원단의 진행 속도를 조절하게 되어 주름의 양을 늘리거나 줄일 수 있다. 주름을 많이 잡고 싶으면 손가락을 오랫동안 대어 원단이 천천히 진행되도록 하고, 주름을 조금만 잡을 때는 손가락을 대지 않고 박으면 된다.

5 주름이 잡힌 모습.

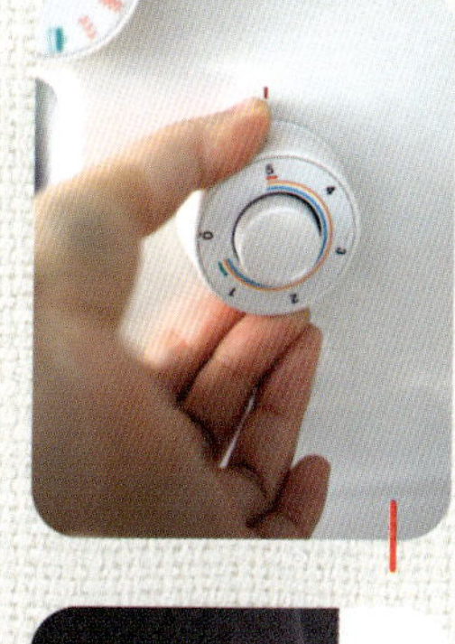

1

2

3

4

5

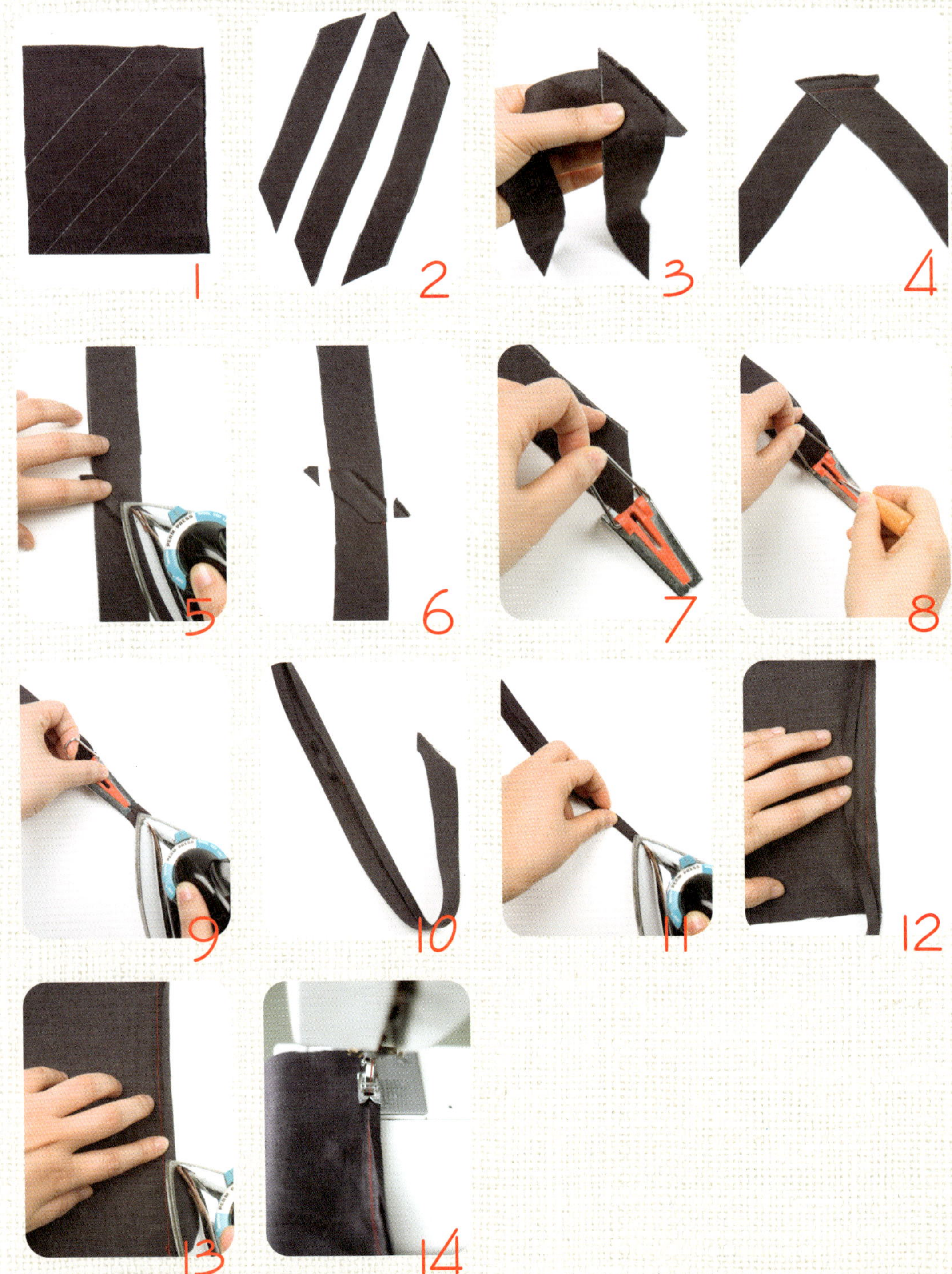

바이어스 처리하기

재킷이나 코트 등의 시접 처리에 주로 사용되며 네크라인, 밑단, 소품의 테두리선 등
다양한 곳에 활용된다.

1 원단 위에 초크를 사용해 45° 각도로 3.5cm 폭의 선을 그린다.

2 가위로 선을 따라 재단한다.

3 길이를 이을 때는 사진처럼 겉끼리 맞대어 모서리를 포갠다.

4 교차하는 선을 사진처럼 박는다.

5 시접을 갈라 다린다.

6 튀어 나온 부분은 잘라낸다.

7 바이어스메이커에 바이어스테이프를 끼운다.

8 바이어스메이커의 구멍에 송곳을 끼워 바이어스테이프의 끝을 빼낸다.

9 왼손으로 바이어스메이커의 고리를 당기면서 바이어스메이커의 앞으로 빠져 나온
바이어스테이프를 다린다.

10 바이어스메이커를 다 빠져 나오면 양쪽 시접이 접힌 상태가 된다.

11 다시 반으로 접어 다린다.

12 바이어스 처리할 부분의 안쪽 면에 바이어스테이프의 겉을 대고 박는다.

13 접힌 선대로 시접을 감싸 접어 다린다.

14 바이어스테이프의 접힌 선이 ⑫의 박음선 바로 위에 놓이도록 한 후 눌러 박는다.

냄비장갑

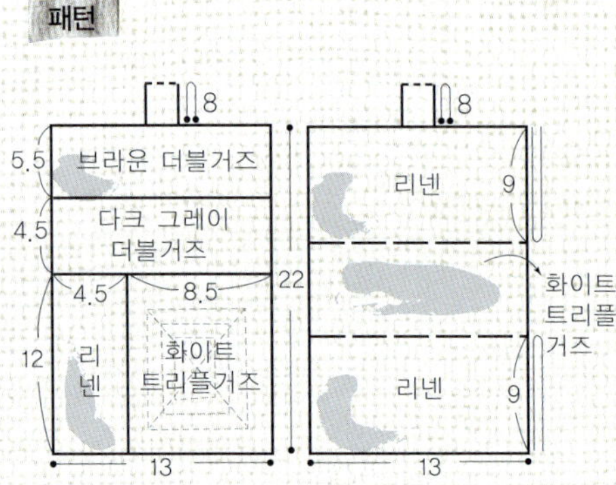

Photo → 8p

패턴

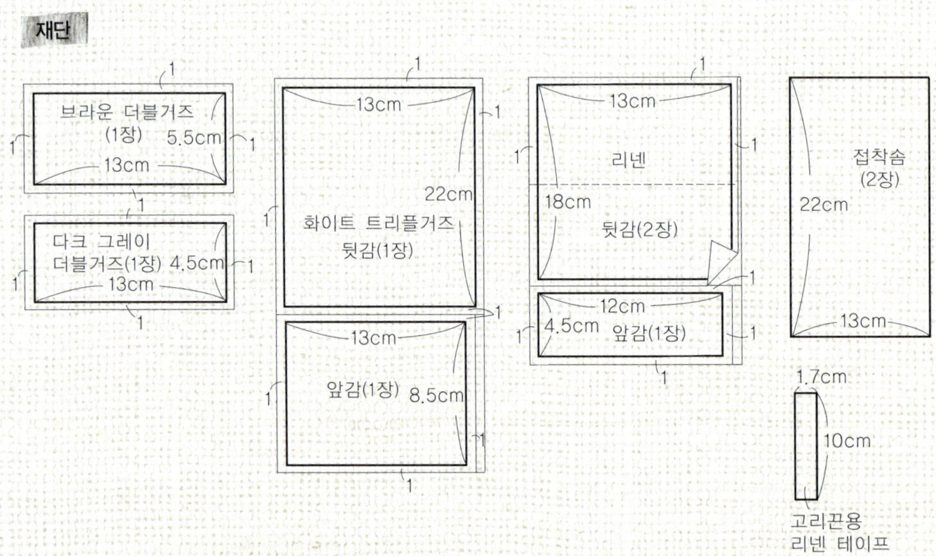

재단

1 브라운 더블거즈와 다크 그레이 더블거즈를 겉끼리 맞대고 박는다.

2 ①의 시접을 반으로 갈라서 다린다.

3 리넨 앞감과 화이트 트리플 거즈를 겉끼리 맞대고 박은 다음 시접은 갈라서 다린다.

4 ②와 ③을 사진처럼 겉끼리 맞대고 박는다.

5 ④의 시접은 갈라서 다린 다음 스탬프를 찍는다.

6 ⑤의 안쪽에 접착솜을 놓고 다림질해 붙인다.

7 화이트 트리플거즈를 사진처럼 재봉틀로 누빈다.

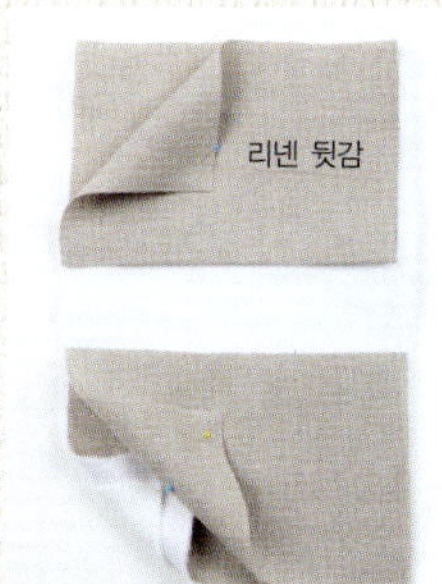

8 리넨 뒷감 2장은 각각 반 접어 다리고, 화이트 트리플거즈 뒷감 안쪽 면에는 접착솜을 붙인다. 반 접어 다려둔 리넨 뒷감 2장을 화이트 트리플거즈 뒷감 위에 포개놓는다.

9 ⑧이 움직이지 않도록 시침핀으로 고정한 다음 가장자리를 따라 박는다.

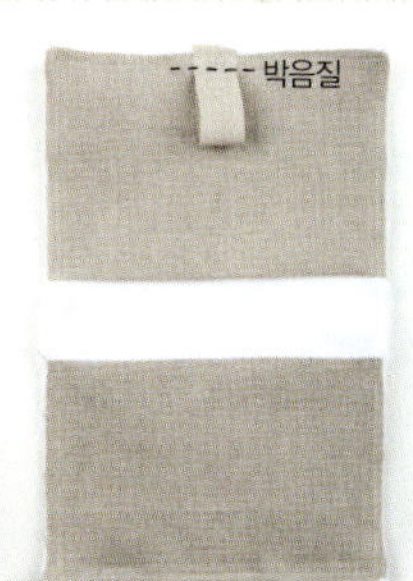

10 ⑨의 위쪽 가운데에 고리끈을 반 접어 미리 박아서 고정한다.

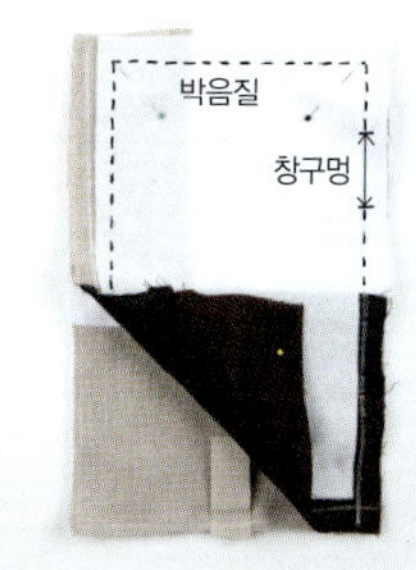

11 ⑦의 앞감과 ⑩의 뒷감을 겉끼리 맞대어 시침핀으로 고정한 후 창구멍(7cm)을 남기고 사방을 박는다.

12 시접을 접어 다린 후 뒤집은 다음 창구멍을 공그르기해 마무리한다.

Photo → 13p

스티치 컵받침

원단
리넨 28×14cm

부자재
접착솜 12×12cm, 1.7cm 폭 리넨 리본테이프 11cm(고리끈용), 빨간색 수실 약간

패턴

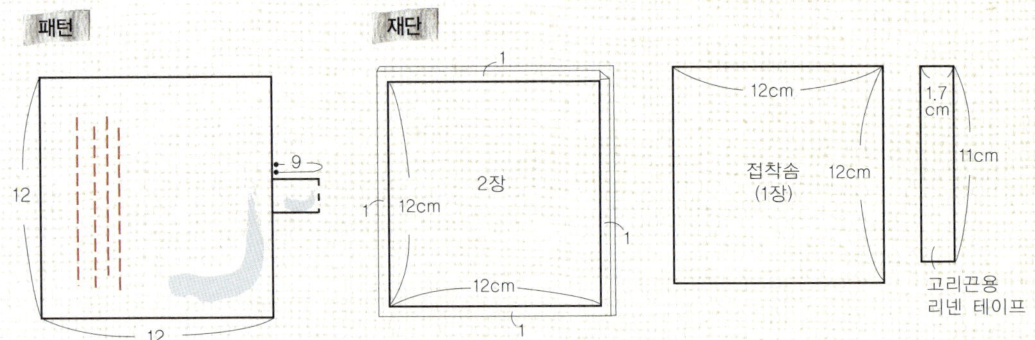

재단

만드는 법

1 리넨 앞판 안쪽에 접착솜을 놓고 다림질해 붙인다.

2 ①의 겉면에 스탬프를 찍은 후 빨간색 수실로 홈질해 장식한다.

3 ②의 겉면에 고리로 사용할 리넨 리본 테이프를 올려놓고 반 접어 박는다.

4 앞판과 뒤판을 겉끼리 맞대어 포개놓는다.

5 ④에 창구멍(7cm)을 남기고 사방을 둘러 박는다.

6 사방 시접은 모두 접어 다린다.

7 ⑥을 뒤집은 다음 창구멍을 공그르기해 마무리한다.

레이스 컵받침

원단

리넨 28×14cm

부자재

접착솜 12×12cm, 1.7cm 폭 리넨 리본테이프 11cm(고리끈용), 리넨 레이스 약간

* 재단과 패턴은 스티치 컵받침과 동일.

1 스티치 컵받침 과정에서처럼 앞판 안쪽에 접착솜을 붙인 후, 겉면에 스탬프를 찍고 리넨 레이스를 박아 장식한다.

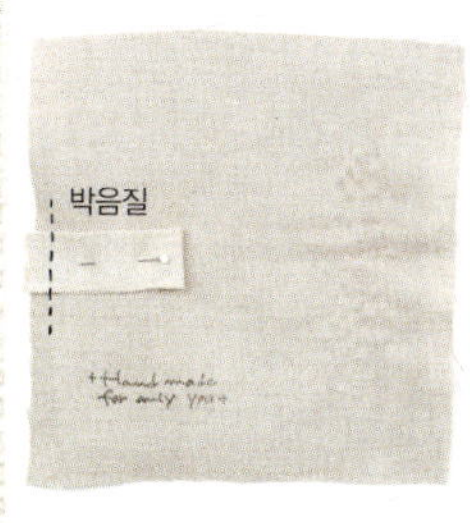

2 ①의 겉면에 고리로 사용할 리넨 리본 테이프를 올려놓고 반 접어 박는다.

3 앞판과 뒤판을 겉끼리 맞대어 포개놓는다.

4 ③에 창구멍(7cm)을 남기고 사방을 둘러 박는다.

5 사방 시접은 모두 접어 다린다.

6 ⑤를 뒤집은 다음 창구멍을 공그르기해 마무리한다.

Photo → 10p

도시락 보자기

원단

리넨 54×54cm

부자재

리넨 테이프 약간(고리끈용)

재단

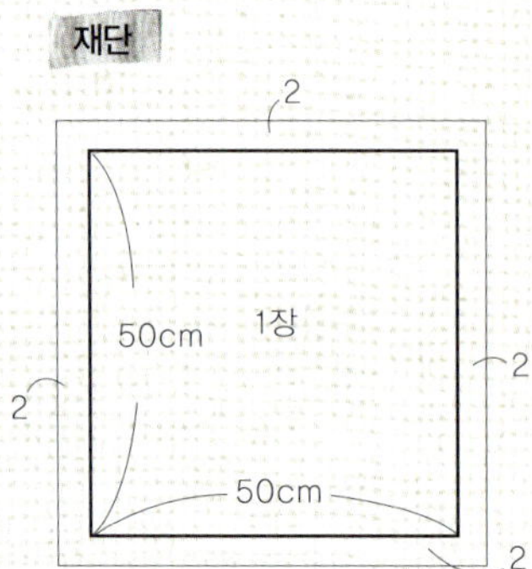

만드는 법

1 리넨의 사방 시접을 1cm씩 접어 다린다.

2 ①의 시접을 다시 1cm씩 접어 다린다.

3 리넨 테이프를 접은 시접의 안쪽에 끼워 시침핀으로 고정한다.

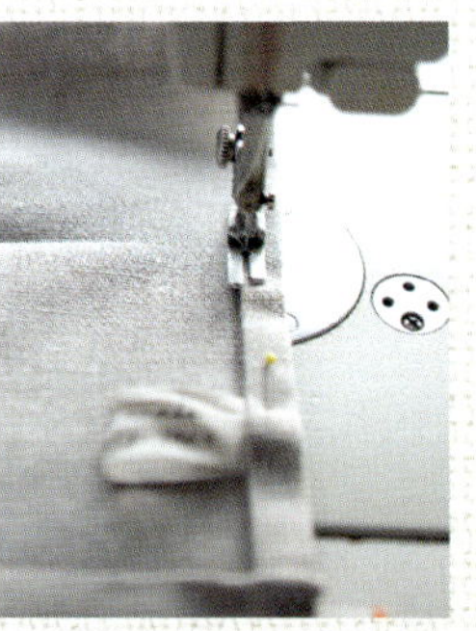

4 안쪽 면에서 시접을 눌러 박는다.

5 ④의 시접을 깨끗하게 다려준다.

Photo → 14p

리본 장식 앞치마 실물 패턴

110cm 폭 리넨 180cm, 110cm 폭 다크 그레이 더블거즈(리본끈용) 45cm

지름 18mm 싸개 스냅단추 2세트, 접착심지 약간

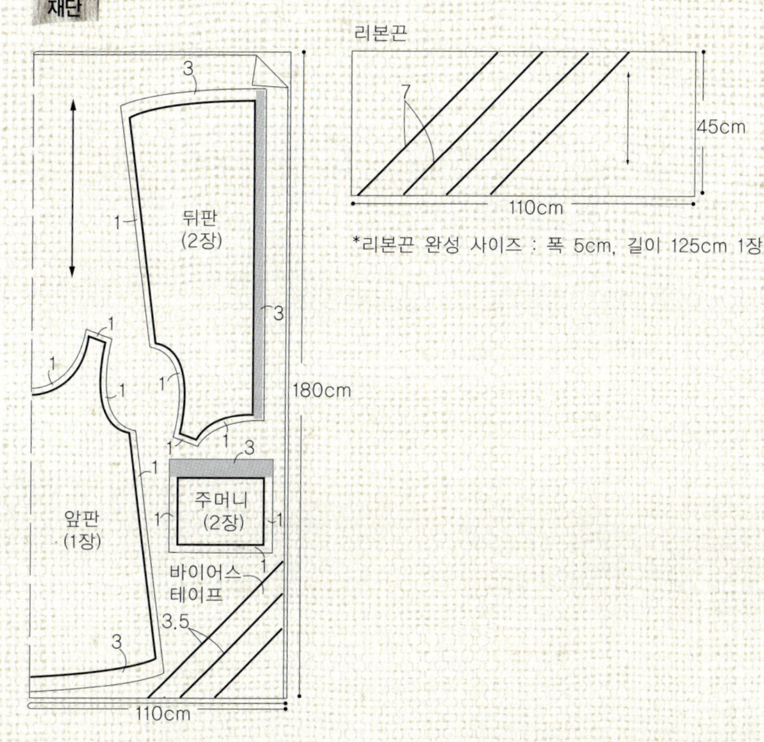

접착심지 붙이는 곳

1 앞판과 뒤판을 겉끼리 맞대고 어깨선을 박는다.

2 어깨선 시접은 한꺼번에 오버로크나 지그재그 스티치로 처리한다.

3 겉면의 진동선에 바이어스테이프의 겉을 대고 시침핀으로 고정한다.

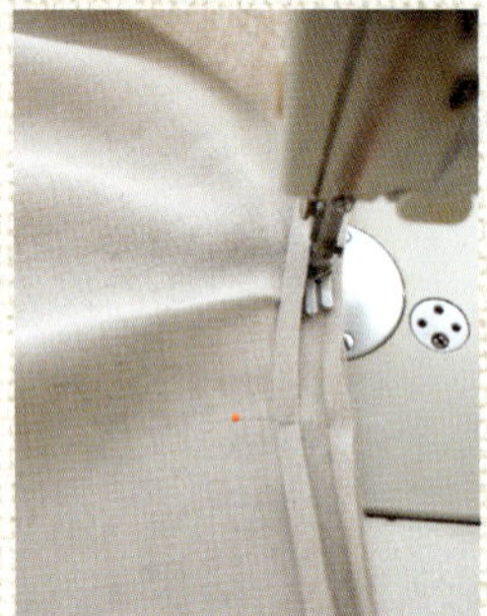

4 고정해둔 바이어스테이프를 완성선을 따라 박는다.

5 시접은 0.5cm 남기고 잘라낸다.

6 바이어스테이프를 안쪽으로 꺾어 다린다.

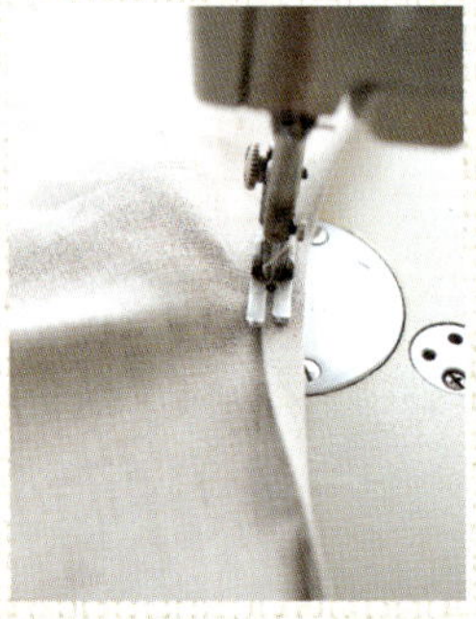

7 안쪽에서 바이어스테이프의 접힌 부분을 따라 눌러 박는다.

8 진동선 중 옆선 쪽 5cm는 박지 않고 남겨둔다.

9 ⑧의 박지 않은 부분의 바이어스테이프를 젖혀 바이어스테이프의 겉끼리 맞닿게 시침핀으로 고정한다.

10 옆선도 겉끼리 맞대고 시침핀으로 고정한 후 바이어스테이프 끝에서 몸판 밑단 끝까지 한번에 박는다.

11 옆선의 시접을 오버로크나 지그재그 스티치로 처리한 다음, 바이어스테이프의 박지 않은 부분을 눌러 박는다.

12 네크라인도 같은 방법으로 바이어스테이프로 감싸 박은 다음, 뒤판의 여밈단에 접착심지를 붙이고 시접을 1cm, 2cm씩 2번 접어 다린다.

13 여밈단을 안쪽에서 눌러 박는다.

14 바이어스 재단한 다크 그레이 더블거즈 원단의 사방 시접을 말아 박기 한다.

15 입었을 때 왼쪽 뒤판 위쪽에 리본끈을 박는다.

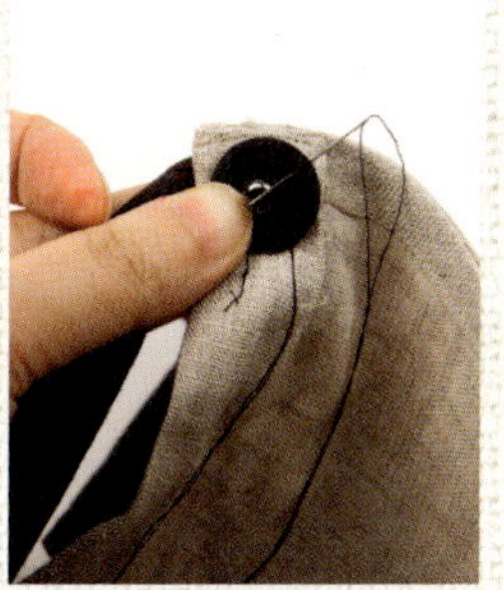

16 뒤판의 단추 위치에 손바느질로 싸개 스냅 단추를 달아준다.

17 주머니 입구에 접착 심지를 다림질해 붙인다.

18 주머니 3면의 시접을 1cm씩 접어 다리고 주머니 입구의 시접은 1cm, 2cm씩 2번 접어 다린다.

19 주머니 입구의 시접을 안쪽에서 눌러 박는다.

20 몸판의 옆면 주머니 위치에 주머니 2장을 각각 눌러 박은 다음, 밑단의 시접을 1cm, 2cm씩 2번 접어 다린 후 박는다.

리넨 앞치마

Photo → 16p

원단

150cm 폭 스트라이프무늬 리넨 90cm

부자재

수실 약간

재단

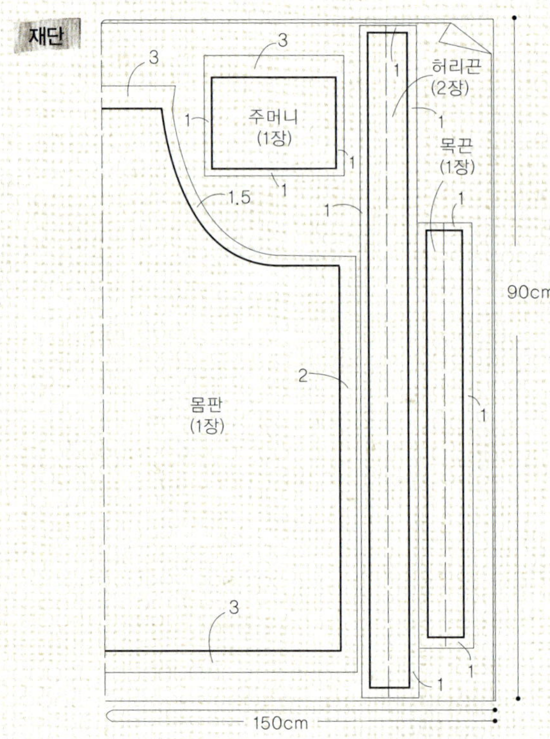

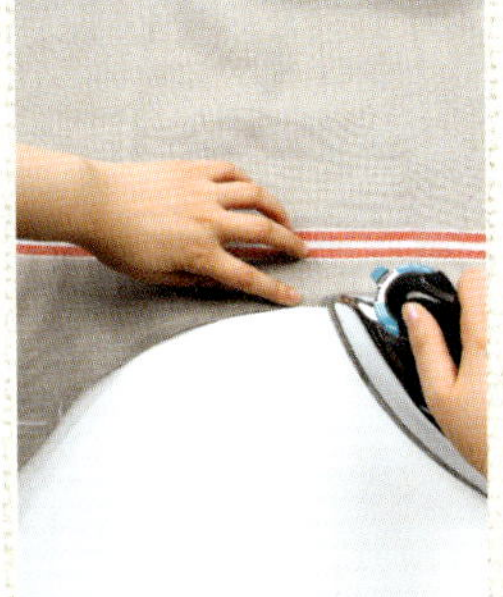

1 진동선 시접을 0.5cm
접어 다린다.

2 ①의 시접을 다시 한 번
1cm 접어 다린다.

3 ②에서 접어 다린 시접
을 눌러 박는다.

4 목 끈용으로 재단한 리넨의 길이 방향 2면 시접을 1cm 접어 다린 후 다시 반 접어 다린다.

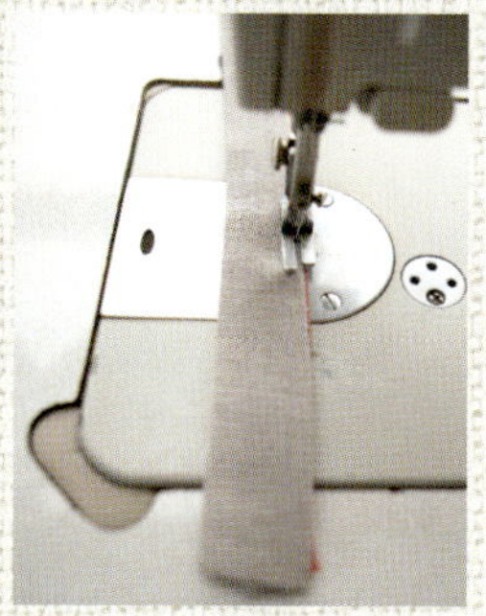

5 ④에서 접어 다린 시접을 눌러 박는다.

6 목 부분 시접을 1cm 접어 다린 다음, 다시 2cm 접어 다린 후 목끈을 시접 사이에 끼워 시침핀으로 고정한다.

7 ⑥에서 접어 다린 시접을 눌러 박는다. 이때 목끈도 함께 박는다.

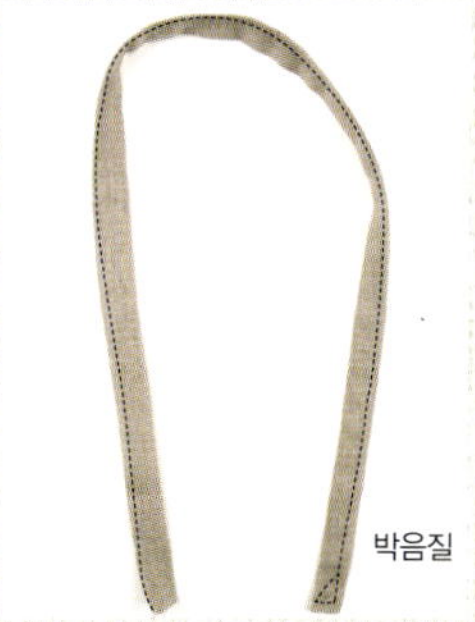

8 ④의 방법으로 허리끈을 만든다. 이때 끈 한쪽 끝의 시접은 1cm를 안으로 접어 다린 후 눌러 박아 끝막음을 해준다.

9 앞치마 옆단의 시접을 1cm 접어 다린 후 다시 한 번 1cm 접어 다린다. 시접 사이에 ⑧에서 만든 끈의 끝막음을 하지 않은 끝을 끼워 옆단 시접과 함께 눌러 박는다.

10 끈을 바깥 방향으로 꺾어 한 번 더 눌러 박는다.

11 밑단 시접을 2번 접어 박는다.

12 주머니에 십자수로 이니셜을 수놓는다.

13 주머니 시접을 접어 다린다.

14 주머니 입구의 시접을 눌러 박는다.

15 앞치마 몸판의 정해진 위치에 주머니를 눌러 박는다.

키친클로스

한쪽 면에 스트라이프무늬가 있는 리넨 50×110cm

2cm 폭 평직 면 테이프 20cm, 빨간색 수실 약간

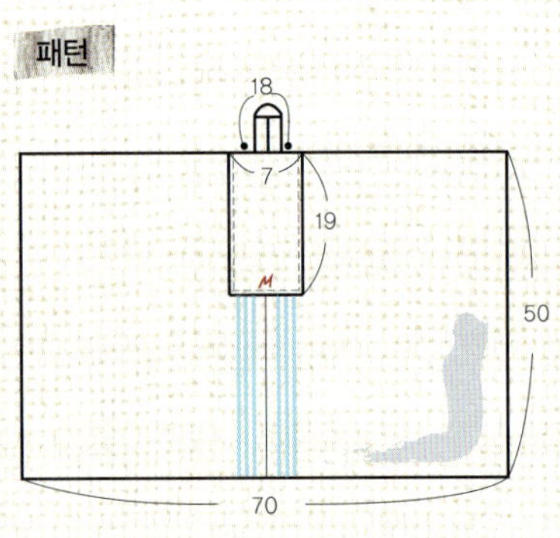

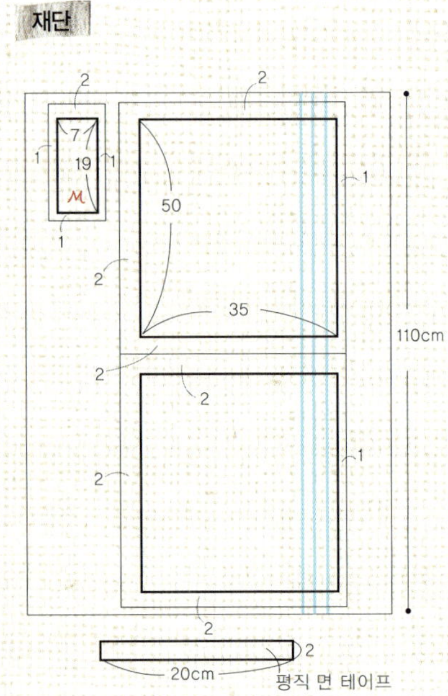

1 키친클로스 가운데 부분의 덧대는 원단에 빨간색 수실로 이니셜을 박음질로 수놓는다.

2 스트라이프무늬 리넨을 겉끼리 맞대고 무늬가 있는 쪽에서 시접 1cm를 들여 박는다.

3 시접을 오버로크나 지그재그 스티치로 처리 한 후 한쪽으로 접어 바깥쪽에서 다린다.

4 ①의 수놓은 원단의 3면 시접을 1cm씩 접어 다린다.

5 ④의 수놓은 원단 가운데 부분이 스트라이프무늬 원단 이음선에 오도록 시침핀으로 고정한 다음, 가장자리 부분 3면을 겉에서 눌러 박는다.

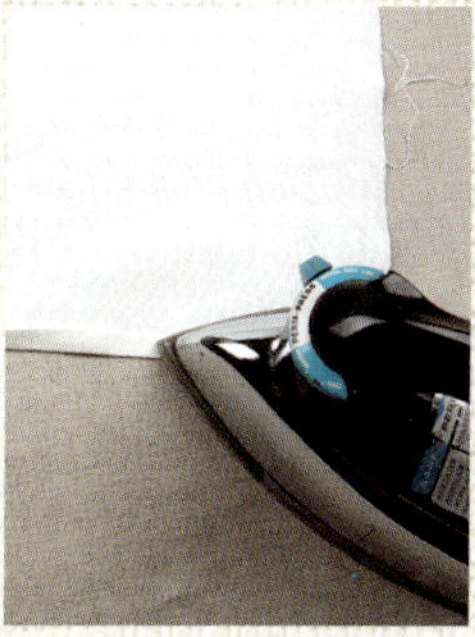

6 스트라이프무늬 원단의 가장자리 시접을 반 접어 다린 다음, 다시 한 번 접어 다린다.

7 키친클로스 위쪽 가운데 부분의 다림질해놓은 시접 사이에 면 테이프를 끼워 시침핀으로 고정한다.

8 ⑥의 다림질해 놓은 부분의 시접선을 따라 사방을 눌러 박는다. 이때 ⑦의 면 테이프를 한꺼번에 박는다.

9 ⑧의 면 테이프를 위쪽으로 고정해 한 번 더 박는다.

Photo → 20p

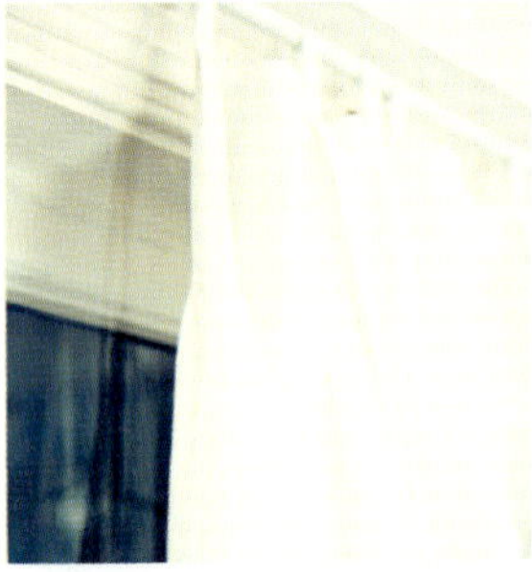

커튼

원단

110cm 폭 리넨 370cm

* 원단 필요량은
  창문 사이즈에 따라 달라짐.

패턴

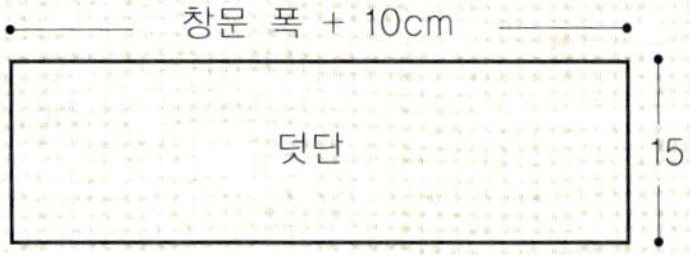
창문 폭 + 10cm
덧단
15

* 폭은 취향에 따라 조정 가능.

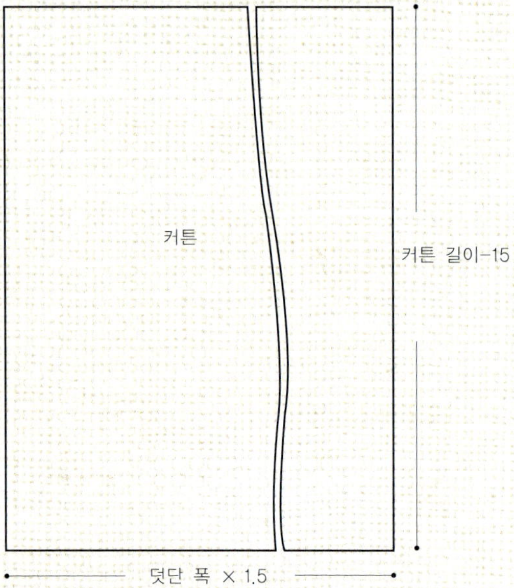
커튼
커튼 길이-15
덧단 폭 × 1.5

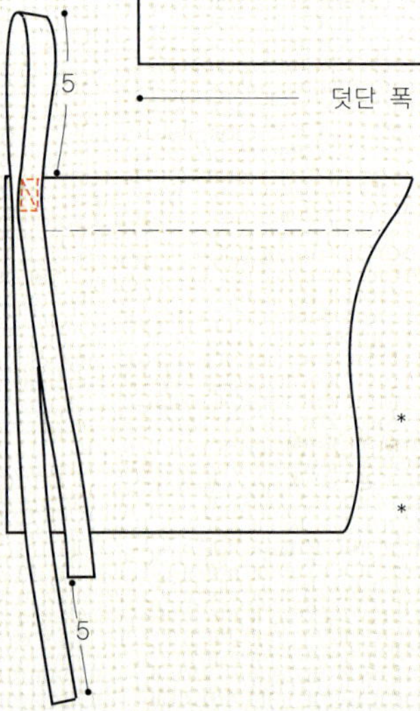
5
5

* 끈의 개수와 간격은
  창문 사이즈에 따라 조절.

* 끈 완성 사이즈: 1×80cm

재단

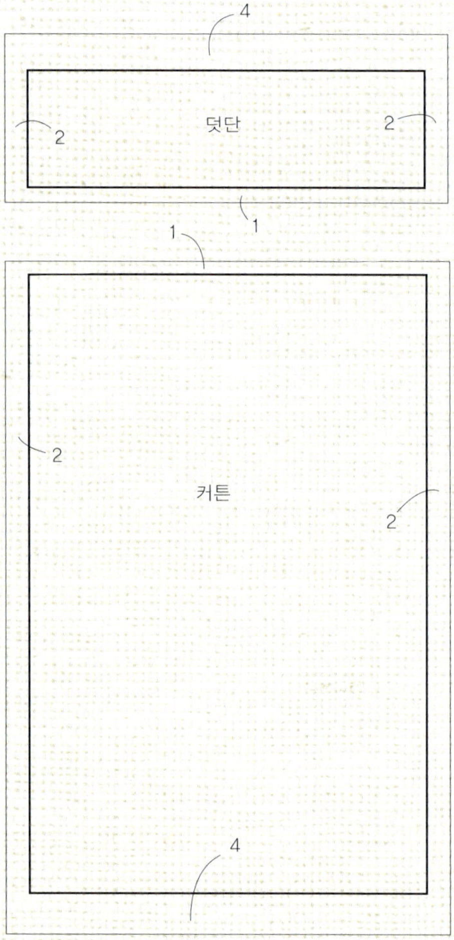
4
덧단
2
2
1
1
커튼
2
2
4

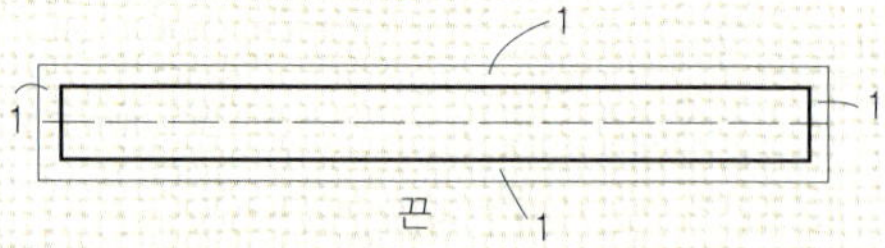
1
1
1
1
끈

1 몸판의 윗부분에 주름을 잡는다.

2 덧단과 몸판을 겉끼리 맞대고 박는다.

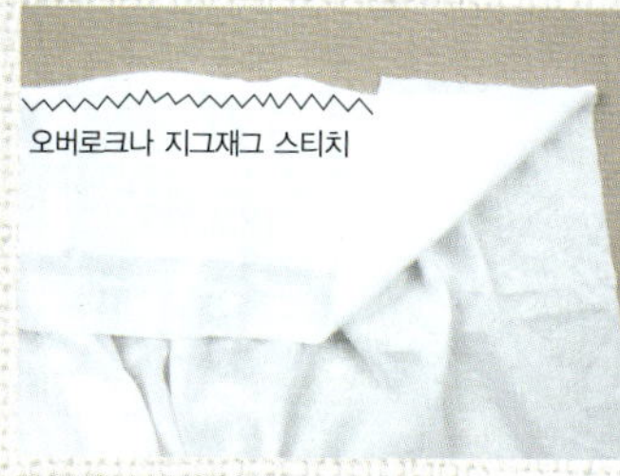

3 시접을 한꺼번에 오버로크나 지그재그 스티치로 처리한다.

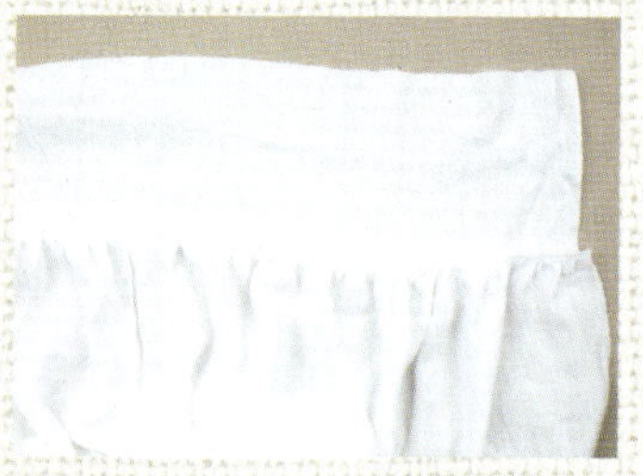

4 시접을 덧단 쪽으로 꺾어 다린다.

5 주름 부분을 다리미 끝으로 살짝 눌러 다리면 주름이 차분하게 떨어진다.

6 겉에서 덧단을 눌러 박는다.

7 4면의 시접을 모두 2번 접어 다린 후 눌러 박는다.

8 끈을 재단한 후 4면의 시접을 접어 다린다.

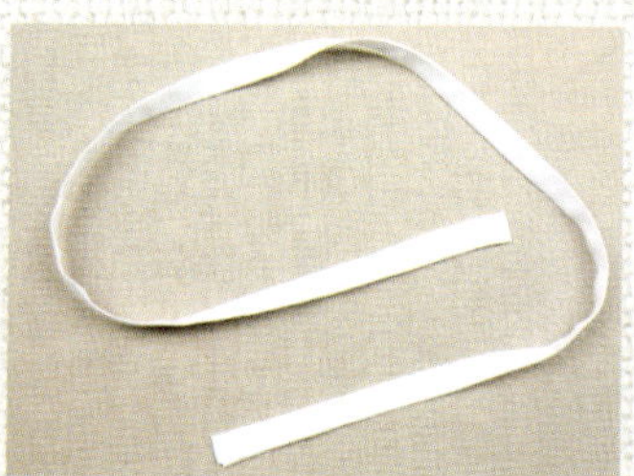

9 다시 반 접어 눌러 박아 끈을 완성한다.

10 덧단 위에 끈을 접어 시침핀으로 고정한다.

11 끈을 덧단에 눌러 박는다.

Photo → 20p

식탁보

원단

110cm 폭 리넨 490cm(6인용 식탁 기준)

부자재

사다리레이스 500cm, 7cm 폭 토션레이스 800cm

패턴

재단

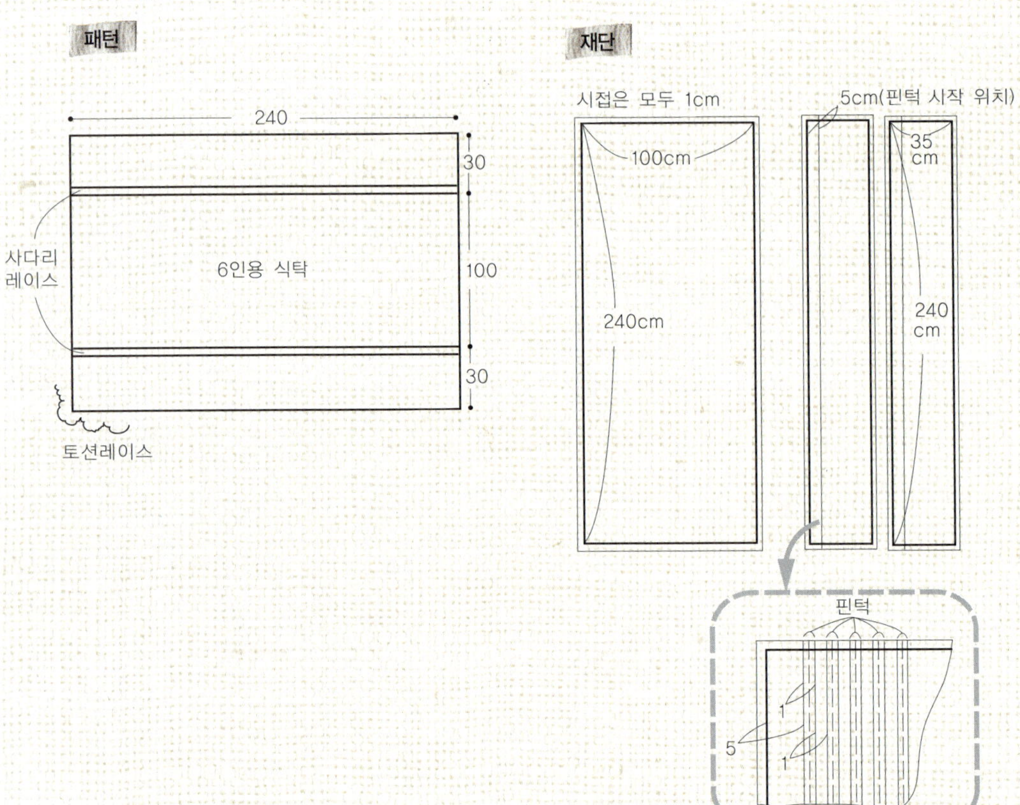

1 큰 원단에 핀턱을 넣을 때는 몇 겹으로 접은 상태에서 하는 것이 편리하다. 움직이지 않게 시침판을 꽂고 핀턱선을 그린다.

2 핀턱선대로 다림질한 후, 원단을 펼쳐서 핀턱선을 다시 한 번 다린다.

3 다림질한 핀턱선대로 박는다.

4 원단을 펼쳐놓고 핀턱선이 아래 방향으로 가도록 다린다.

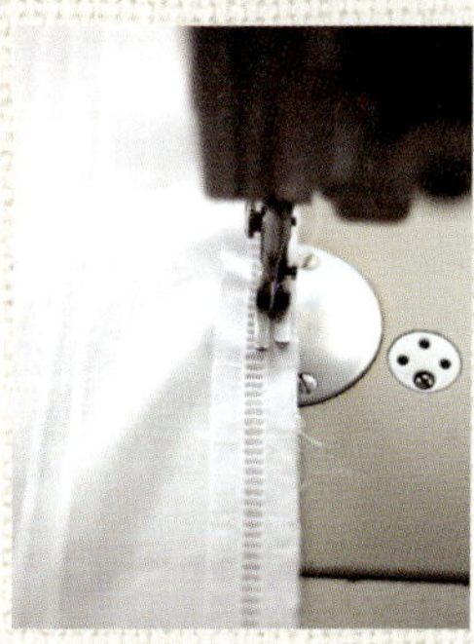

5 핀턱선을 모두 작업한 후 겉면의 정해진 위치에 사다리레이스의 겉을 대고 박는다.

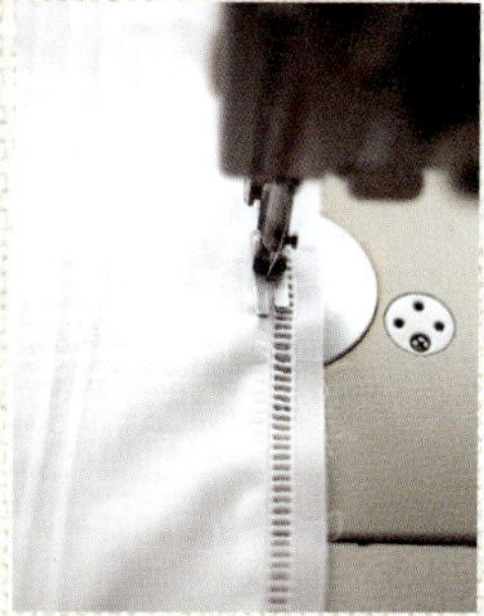

6 시접을 오버로크나 지그재그 스티치로 처리한 후 사다리레이스를 겉으로 꺾어 눌러 박는다. 같은 방법으로 가운데 원단을 사다리레이스에 박아 잇는다.

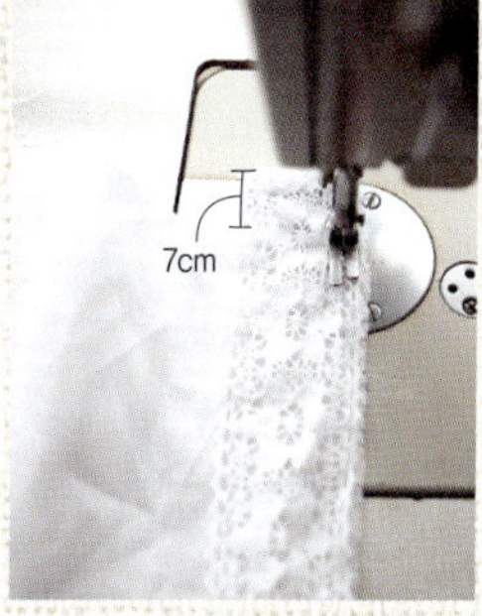

7 밑단의 겉면에 토션레이스의 겉을 대고 박는다. 이때 토션레이스의 끝이 식탁보의 끝에서 7cm 정도 튀어 나오도록 배치한 후 시작한다.

8 ⑦을 죽 이어 박다가 모서리에서 박음질을 끝낸 후 토션레이스의 폭만큼 접는다.

9 접은 토션레이스를 위로 젖힌다.

10 모서리 끝에서 다시 박음질을 시작한다.

11 접힌 토션레이스의 끝을 한 방향으로 눕힌 후 겉에서 눌러 박는다.

12 토션레이스의 시작 지점은 사진처럼 박은 후 시접을 잘라 끝처리한다.

의자 커버링

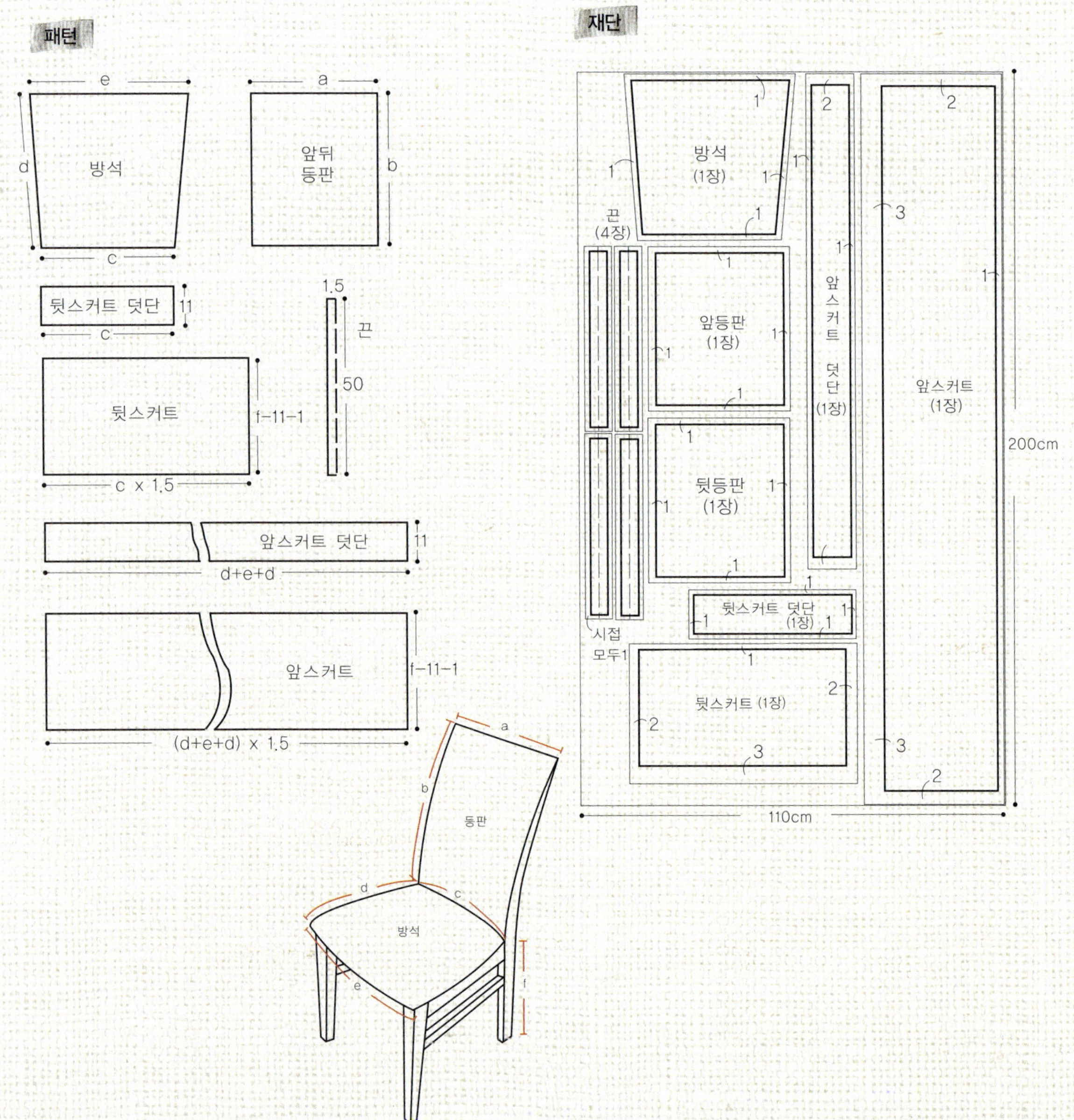

Photo → 21p

원단

110cm 폭 리넨 200cm

* 원단 필요량은 의자 사이즈에 따라 달라짐.

1 방석과 앞등판의 이어 지는 부분을 겉끼리 맞 대고 박는다.

2 뒷스커트의 윗면에 주름 을 잡은 후 뒷면 덧단과 뒷스커트 겉면끼리 맞대고 박는다.

3 시접은 한꺼번에 오버 로크나 지그재그 스티치 로 처리한다.

4 3면의 시접을 2번 접어 다린 후 눌러 박는다.

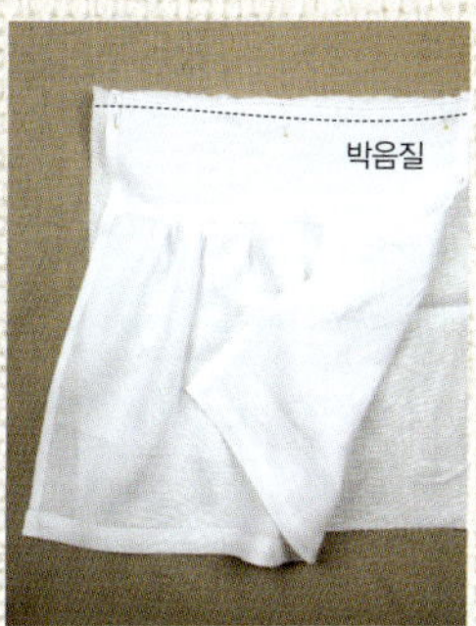

5 뒷등판과 ④에서 완성한 스커트를 겉끼리 맞대고 박는다.

6 시접은 한꺼번에 오버 로크나 지그재그 스티치 로 처리한 후 등판 쪽으로 꺾어 다린다.

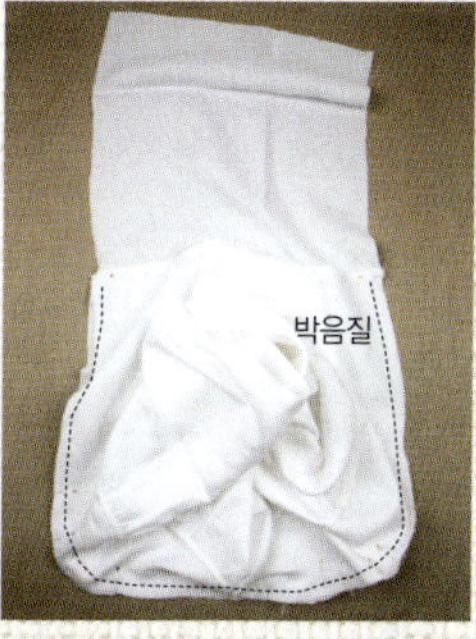

7 ①에서 이어둔 방석과 앞등판을 겉면이 보이 도록 펼쳐놓고, 뒷스커트와 동일한 방법으로 완성한 앞스커트와 방석을 겉끼리 맞대고 박는다.

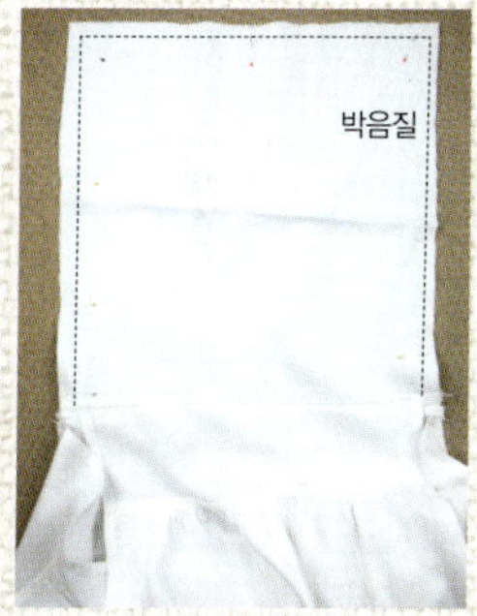

8 ⑤에서 완성한 뒷등판과 ⑦에서 완성한 앞등판을 겉끼리 맞대고 박는다.

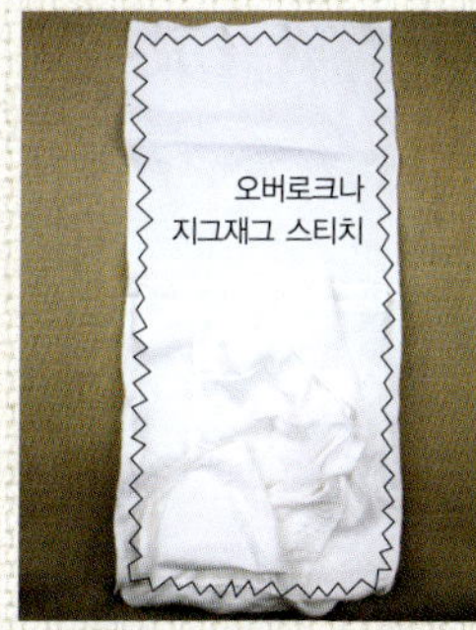

9 시접은 한꺼번에 오버 로크나 지그재그 스티치 로 처리한다.

10 끈을 만들어 앞스커 트와 뒷스커트의 옆선 안쪽 면에 박는다.

11 끈을 꺾어 다시 한 번 눌러 박는다.

호호 덧신 ^{실물 패턴}

Photo → 24p

원단

블랙 리넨(겉감용) 70×30cm, 베이지 리넨(안감용) 70×30cm,
인조가죽(미끄럼 방지용) 약간

부자재

접착솜 70×30cm, 지름 10mm 싸개 스냅단추 2개, 1cm 폭 리넨 테이프 약간

재단

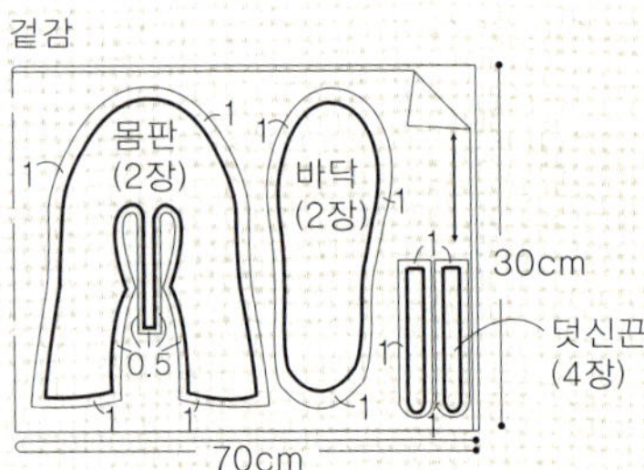

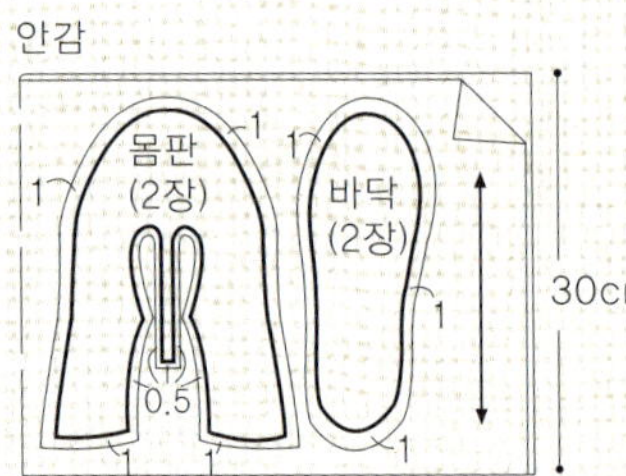

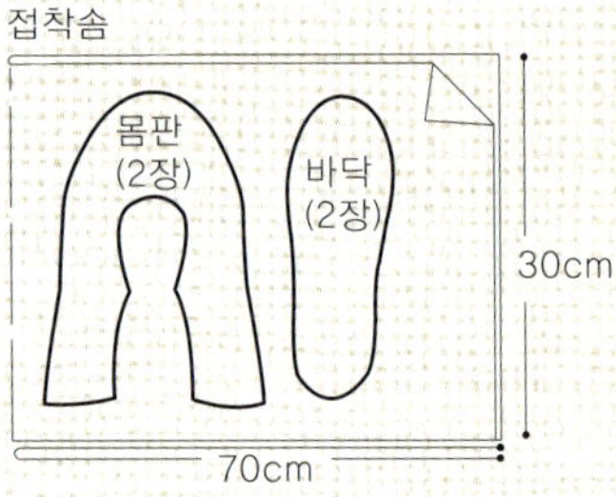

만드는 법

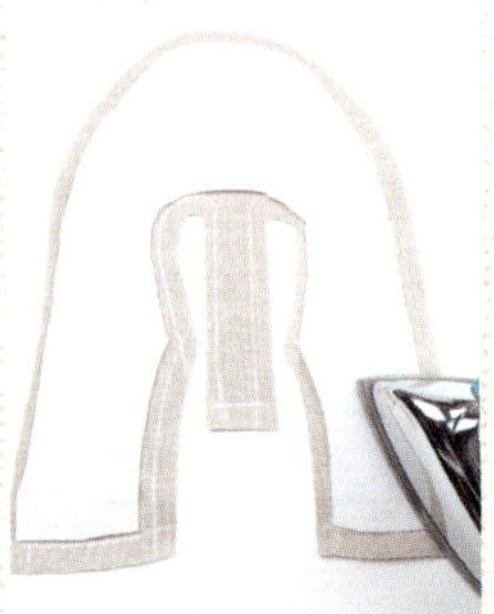

1 베이지 리넨의 몸판 안감 안쪽 면에 접착솜을 다림질해 붙인다.

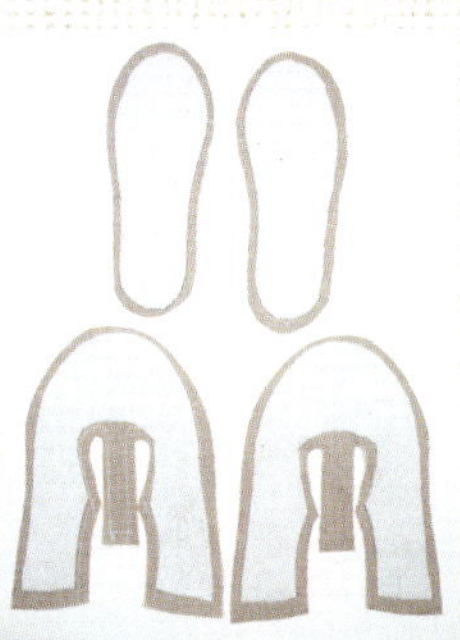

2 나머지 몸판 안감과 바닥 안감 2장의 안쪽 면에도 모두 접착솜을 다림질해 붙인다.

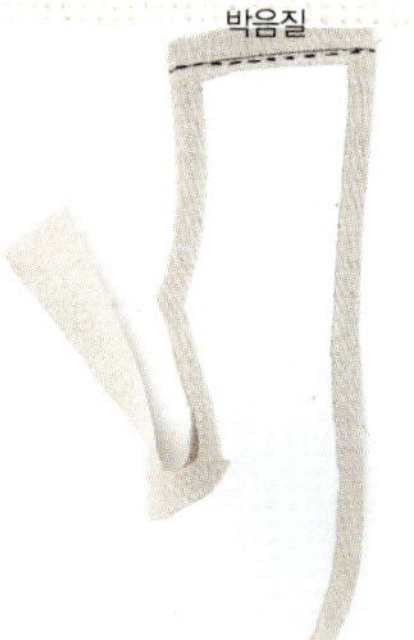

3 안감, 겉감 모두 몸판을 반 접어 뒤꿈치를 박는다. 시접은 가름솔로 처리해 다린다.

4 덧신끈 2장을 겉끼리 맞대어 뒤집을 부분만 남기고 나머지 면을 박는다.

5 시접은 0.5cm 남기고 잘라낸 후 사진처럼 시접을 꺾어 다려 뒤집는다.

6 몸판 겉감의 끈 위치에 끈의 끝부분을 시침핀으로 고정한다. 뒤꿈치에는 리넨 테이프를 미리 박아 둔다.

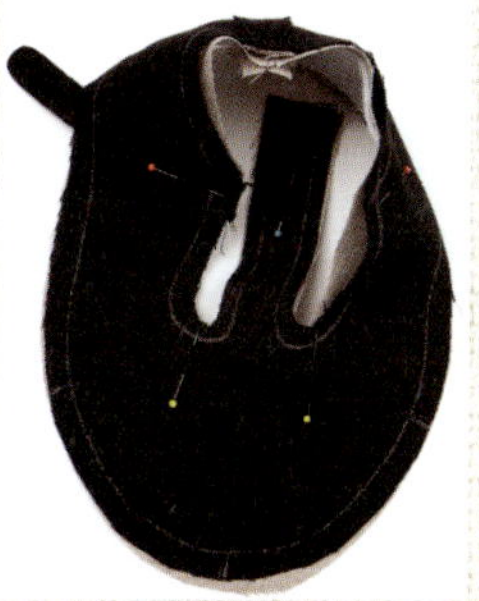

7 몸판 겉감과 안감을 겉끼리 맞대고 시침핀으로 고정한다.

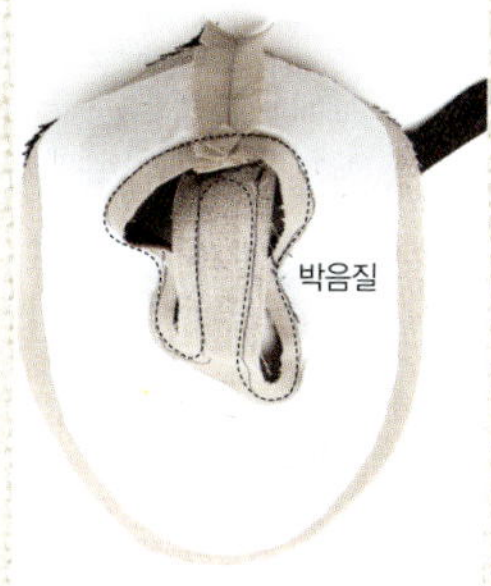

8 덧신 입구를 빙 둘러 박는다.

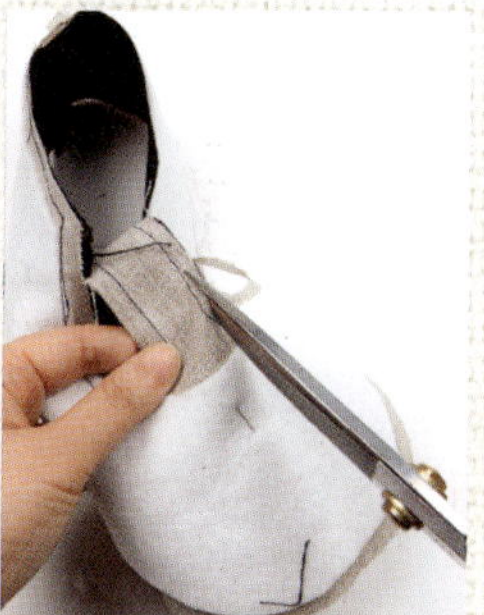

9 시접은 0.5cm 남기고 잘라낸다.

10 겉으로 뒤집어 다린다.

11 몸판 겉감과 안감의 끝선이 어긋나지 않도록 빙 둘러 박는다.

12 안감 바닥의 겉과 몸판의 안을 맞대고 시침핀으로 고정한다(이때 앞뒤 중심을 잘 맞춘다).

13 몸판과 바닥 안감을 함께 눌러 박는다.

14 앞뒤 곡선 부분 시접을 홈질한다.

15 홈질한 실을 잡아당겨 곡선 부분이 자연스럽게 주름지도록 한다.

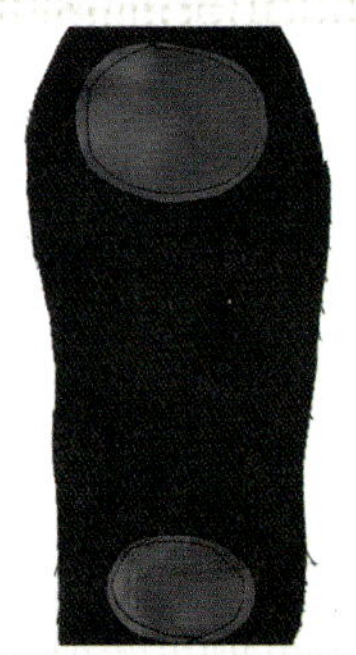

16 겉감 바닥의 겉에 미끄럼 방지용 인조 가죽 원단을 덧대어 박는다.

17 겉감 바닥의 시접을 안으로 꺾어 다린다.

18 몸판 바닥에 겉감 바닥을 대고 손바느질로 꿰맨다. 덧신끈의 안쪽 면과 몸판 패턴에 표시된 위치에 싸개 스냅단추를 단다.

덧신 바닥에 인조가죽 원단 대신 미끄럼 방지제를~

덧신의 바닥과 몸판을 이을 때 좌우가 바뀌지 않도록 주의한다. 미끄럼 방지를 위해 덧신 바닥에 인조가죽 원단을 덧대도 되지만 튜브 형태로 된 미끄럼 방지제를 사용하면 훨씬 편리하다. 미끄럼 방지제는 퀼트용품점에서 구입할 수 있다.

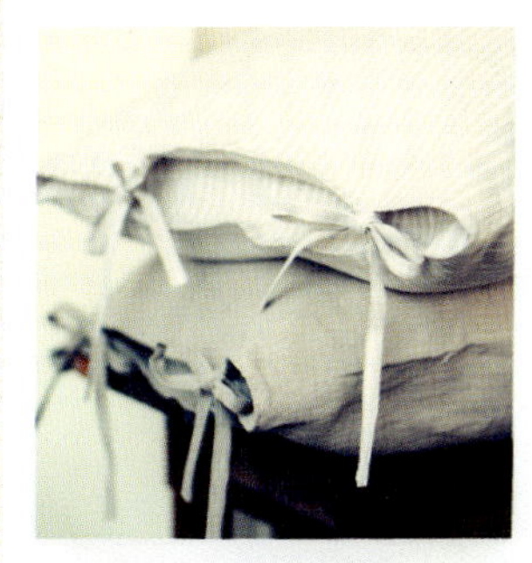

베개커버

110cm 폭 리넨 90cm

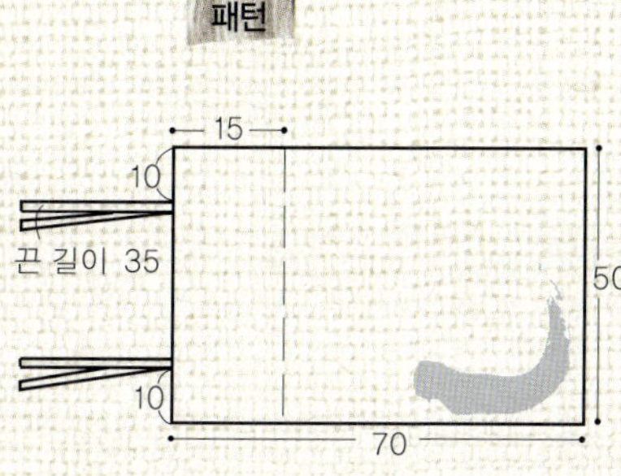

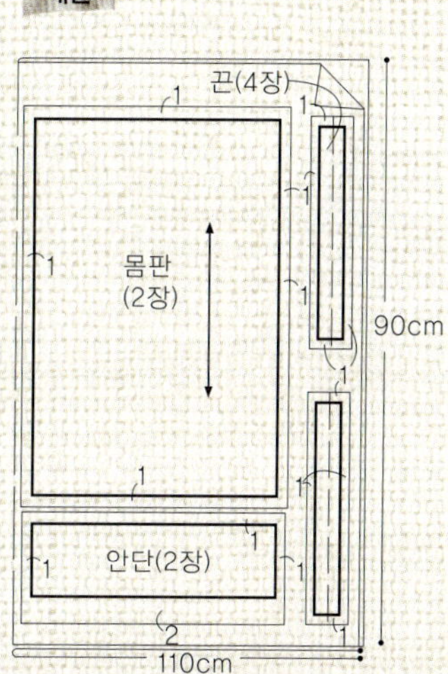

1 베개끈 4장을 길이 방향으로 시접 1cm를 접어 다린다.

2 반대편 시접도 1cm씩 접어 다린다.

3 ②를 다시 한 번 반 접어 다린다.

4 끝부분의 시접을 안으로 접어 다린다.

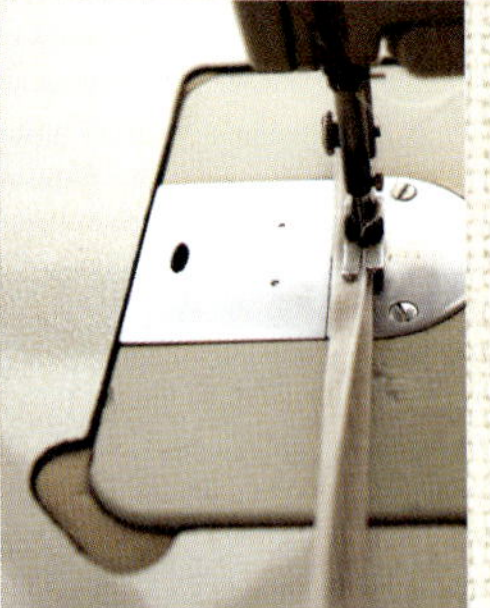

5 접힌 부분을 따라 겉에서 눌러 박는다.

6 끝부분은 풀어지지 않도록 삼각형 모양으로 박아 마무리한다.

7 베개 몸판 2장을 겉끼리 맞대고 베개 입구를 제외한 3면을 박는다.

8 시접은 한 꺼번에 오버로크나 지그재그 스티치로 처리한 후 접어 다린다.

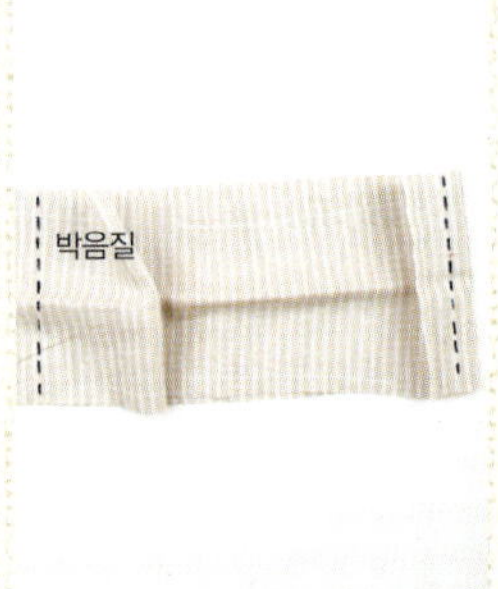

9 안단 2장을 겉끼리 맞 대고 양옆 시접을 박는다 (시접은 한꺼번에 오버로크나 지그재그 스티치로 처리 한다).

10 박지 않은 한쪽 면의 시접을 1cm 접어 다린다.

11 다시 한 번 1cm 접어 다린다.

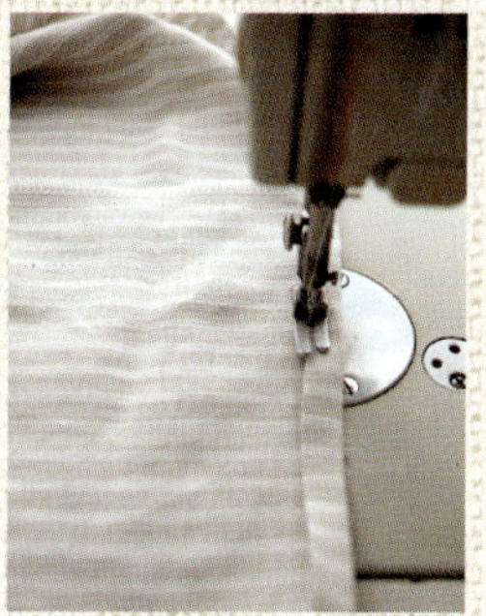

12 ⑪에서 접어 다린 시접을 안쪽 면에서 눌러 박는다.

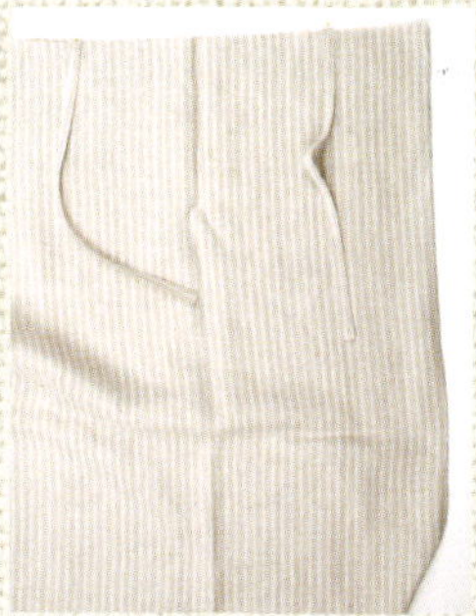

13 베개 입구 겉면에 끈 4장을 시침핀으로 고정한다.

14 베개의 겉면에 안단의 겉면을 씌우듯 겹친다.

15 이때 양 옆선을 잘 맞춘다.

16 베개 입구의 완성선을 따라 빙 둘러 박는다.

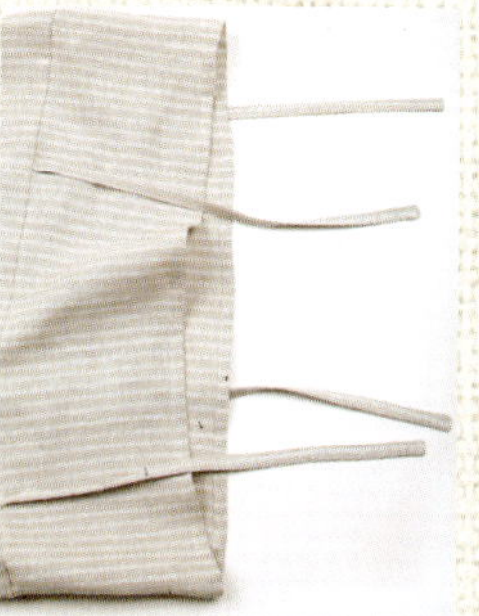

17 안단을 펴서 이음선 부분을 다린다.

18 안단을 베개 안으로 집어 넣고 이음선 부분을 다린다.

19 베개 입구의 끝부분에 바짝 붙여서 한 바퀴 눌러 박는다.

20 사용 중 안단이 바깥으로 나오지 않도록 안단의 옆선과 몸판의 옆선을 잘 맞춘 후, 한꺼번에 눌러 박는다.

Photo → 26p

이불커버

110cm 폭 리넨(앞감용) 430cm,
110cm 폭 스트라이프무늬 리넨(뒷감용) 490cm

5cm 폭 면 테이프 165cm, 1cm 폭 면 테이프 60cm,
20mm 자개 단추 7개, 수실 약간

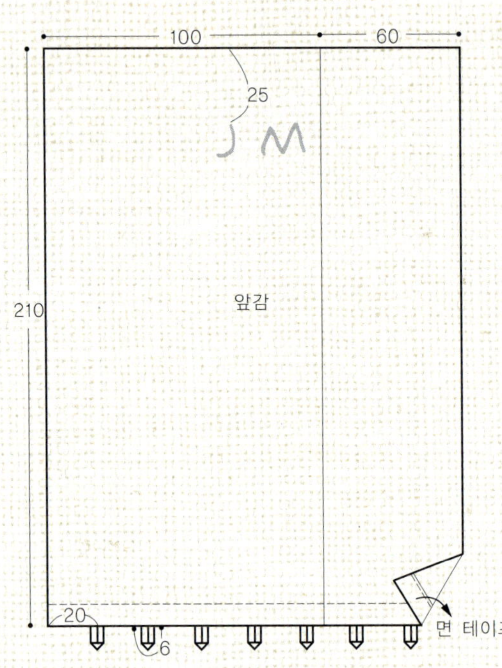

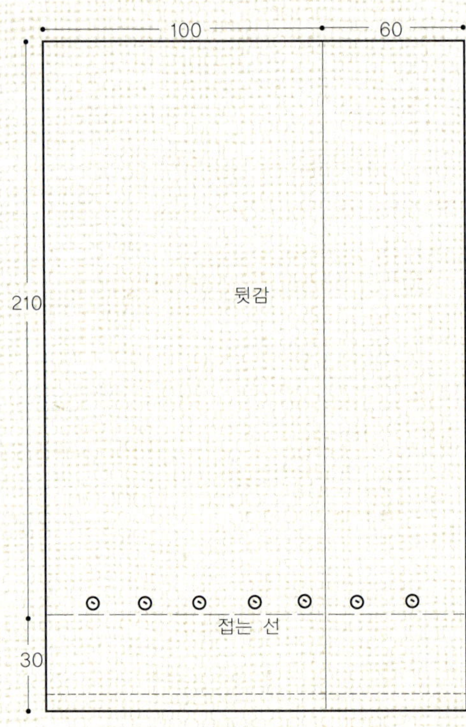

114

재단
앞감(시접은 모두 1cm) 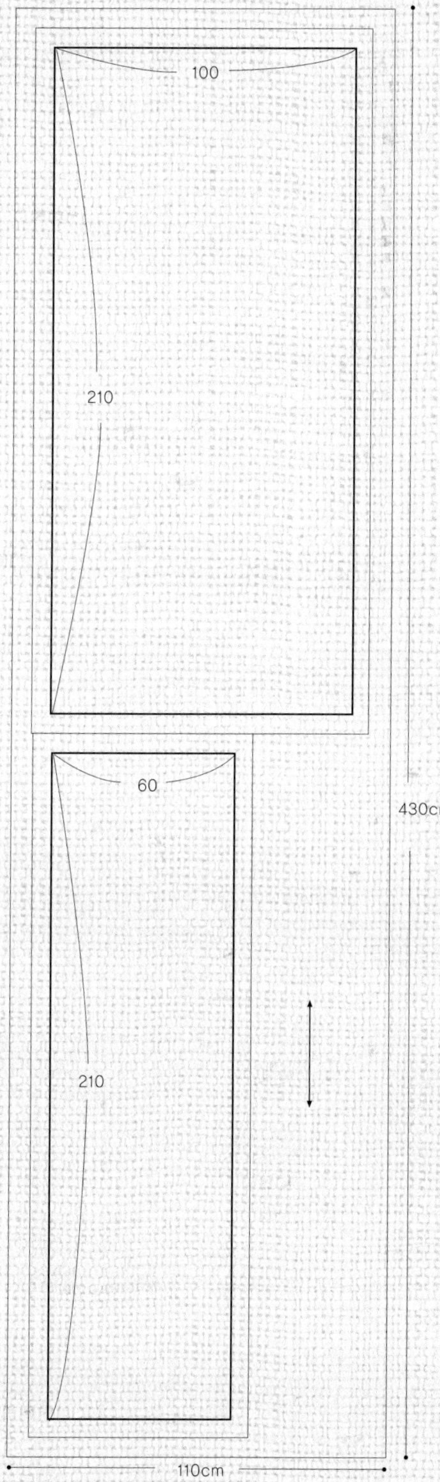
뒷감
100
100
1
1
1
210
240
430cm
490cm
60
60
1
210
240
4
110cm
4
110cm

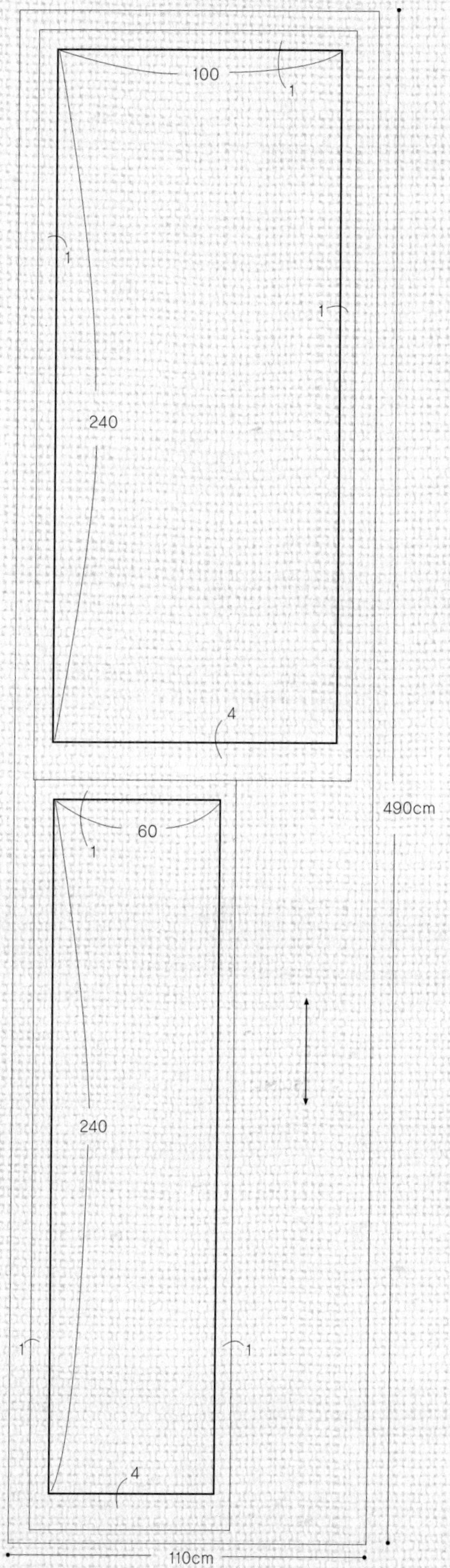

1 앞감으로 재단한 2장의 길이 방향 옆선을 겉끼리 맞대고 박는다(시접은 한꺼번에 오버로크나 지그재그 스티치로 처리한다).

2 뒷감으로 재단한 2장의 길이 방향 옆선을 겉끼리 맞대고 박는다(시접은 한꺼번에 오버로크나 지그재그 스티치로 처리한다).

3 앞감의 겉에 십자수를 놓는다.

4 1cm 폭 면 테이프를 8cm 길이로 잘라 접어 끝을 박는다.

5 앞감의 아래쪽 겉면에 ④의 면 테이프를 미리 박아 고정한다.

6 ⑤의 시접을 안쪽 면으로 1cm 접어 다린다.

7 5cm 폭 면 테이프를 대고 눌러 박는다.

8 ②의 뒷감 아래쪽 시접을 1cm, 3cm씩 2번 접어 다린 후 눌러 박는다.

9 뒷감과 앞감의 겉끼리 맞닿도록 윗부분을 맞춰 시침핀으로 고정한 후, 뒷감의 아랫부분을 접는 선을 따라 접어 앞감의 안쪽 면 위에 겹친다.

10 아랫부분을 제외한 나머지 3면을 박는다(시접은 한꺼번에 오버로크나 지그재그 스티치로 처리한다).

* 이불 솜을 고정하기 위한 끈을 달 경우, 끈을 미리 고정한 후 3면을 박아야 한다.

11 겉면이 바깥으로 나오도록 뒤집는다.

12 뒷감의 겉에 단추를 단다.

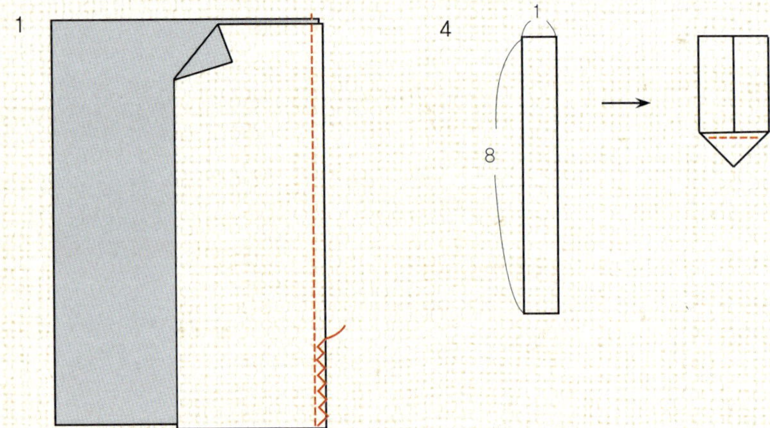

5
앞감
(겉)
7
앞감
(안)
5cm 폭 면 테이프
앞감
(겉)
앞감
(안)
9
앞감
(안)
뒷감
(안)
접는 선
10
앞감
(안)
뒷감
(안)

Photo → 28p

쿠션

패턴

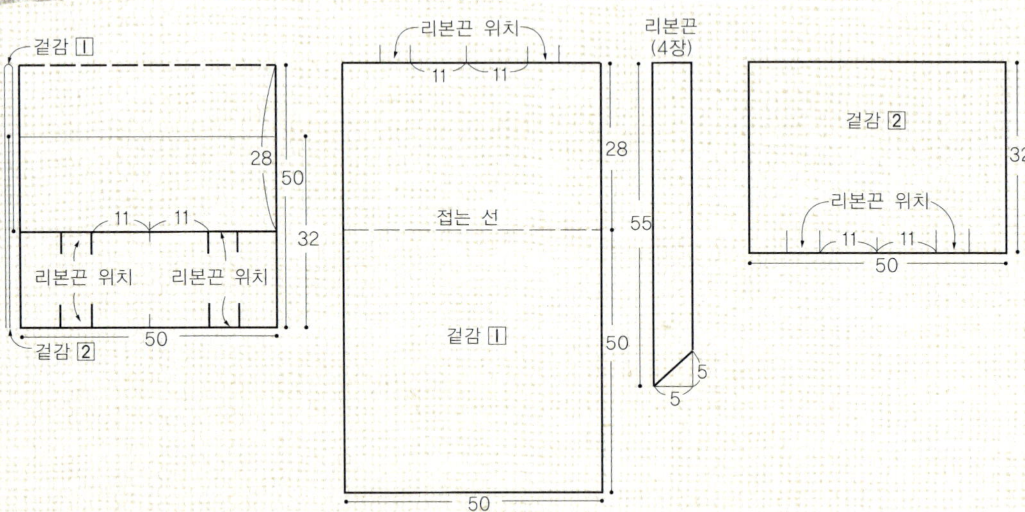

재단

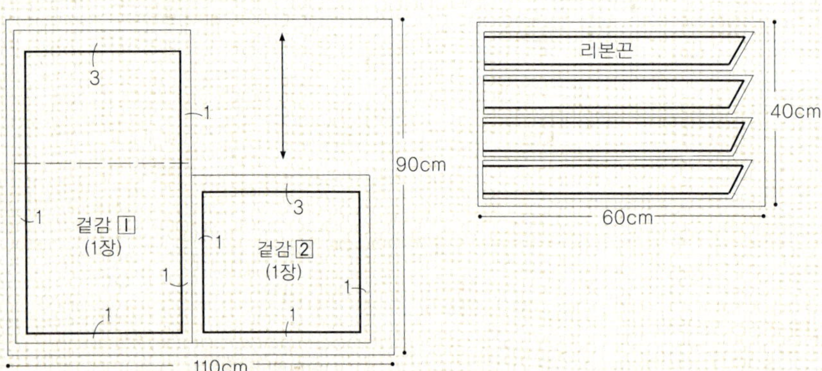

1 장식하고 싶은 이미지를 전사용지에 프린트해 자투리 원단에 다림질로 붙인 후 앞판에 홈질로 꿰맨다.

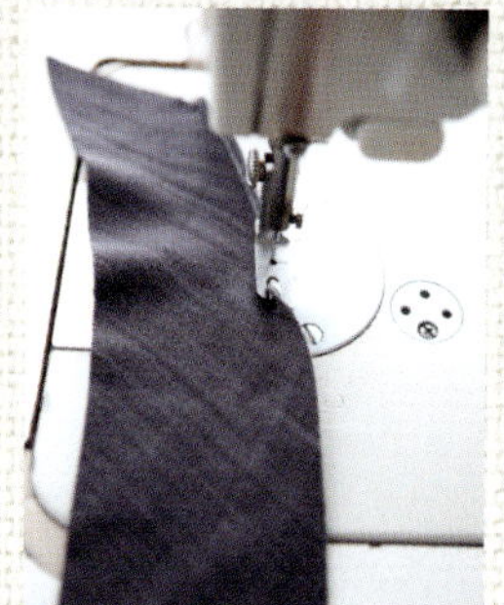

2 다크 그레이 더블거즈의 3면 시접을 말아 박거나 얇게 접어 박는다.

3 겉감 1의 쿠션 입구 쪽 시접을 1cm, 2cm씩 2번 접어 다린 후 2의 리본끈 2장을 정해진 위치에 끼워 시침핀으로 고정한다.

4 3에서 끼운 리본끈과 함께 시접을 눌러 박는다.

5 4의 리본끈을 위쪽으로 젖히고 겉감의 겉에서 다시 한 번 눌러 박는다

6 겉감 2의 쿠션 입구 쪽 시접을 1cm, 2cm씩 2번 접어 다린 후 눌러 박는다. 남은 리본끈 2장은 쿠션 입구 반대쪽 시접의 정해진 위치에 시침핀으로 고정한다.

7 겉감 1의 접는 선을 겉쪽으로 접은 다음, 겉감 2의 안쪽 면이 위로 보이도록 겉감 1에 포갠 후 3면의 시접을 박는다.

8 시접을 오버로크나 지그재그 스티치로 처리한 다음, 시접을 꺾어 다리고 뒤집어 완성한다.

화장품 파우치

Photo → 30p

거즈 리넨(겉감용) 20×60cm, 리넨(안감용) 20×60cm

지퍼 25cm, 리넨 테이프 20cm,
리넨 레이스 약간, 접착심지 약간

패턴 & 재단

겉감(시접은 모두 1cm)

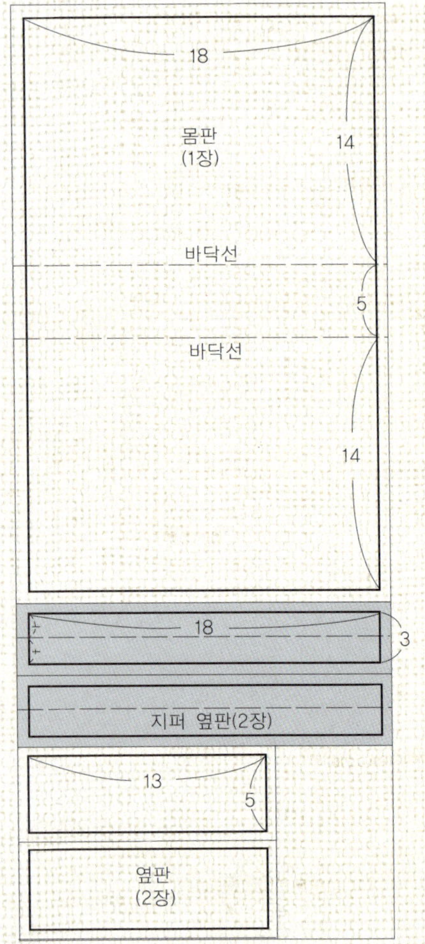

안감(별도로 표시하지 않은 시접은 모두 1cm)

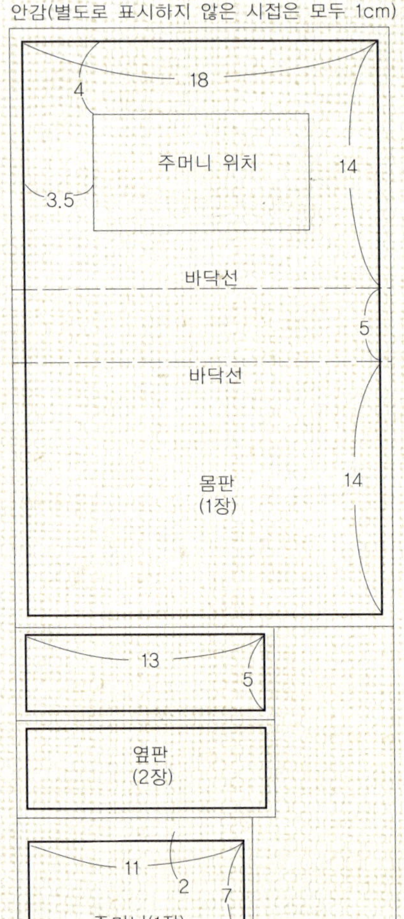

접착심지 붙이는 곳

1 리넨 안감의 겉에 주머니를 만들어 단 다음, 거즈 리넨 겉감의 겉에 리넨 테이프와 리넨 레이스를 박아 장식한다.

2 옆판 겉감과 안감을 겉끼리 맞대고 윗부분만 박는다.

3 ②를 뒤집어 윗부분을 눌러 박는다.

4 ①의 옆면에 ③을 박는다.

5 모서리에는 가윗밥을 넣는다.

6 모서리를 ㄱ자로 꺾고 옆판의 바닥과 겉감의 바닥을 함께 박는다.

7 모서리에는 가윗밥을 넣는다.

8 모서리를 ㄱ자로 꺾고 옆판과 겉감의 나머지 한 면을 박는다. 반대쪽도 같은 방법으로 겉감과 옆판을 연결한다.

9 ⑧에서 연결한 옆판의 안감 겉면 쪽에 몸판의 안감을 같은 방법으로 박는다.

10 한쪽만 박은 상태에서 안감과 겉감을 겉끼리 맞닿도록 포갠다.

11 겉감과 안감의 입구를 겉끼리 맞대고 함께 박는다.

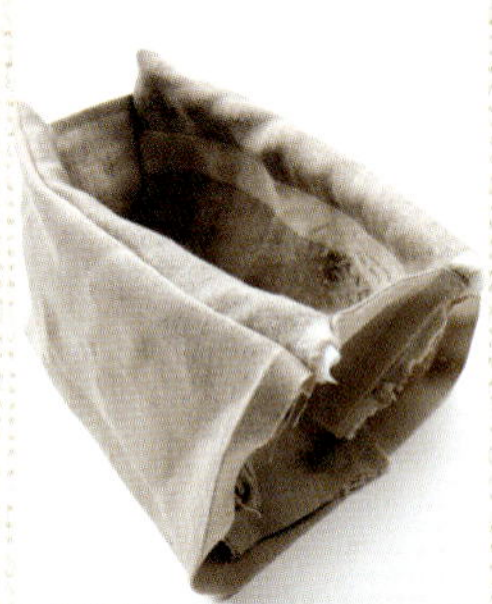

12 아직 연결되지 않은 한쪽 옆면으로 뒤집는다.

13 아직 연결되지 않은 한쪽 옆면의 시접을 접어 다린 후 손바느질로 옆판에 꿰맨다.

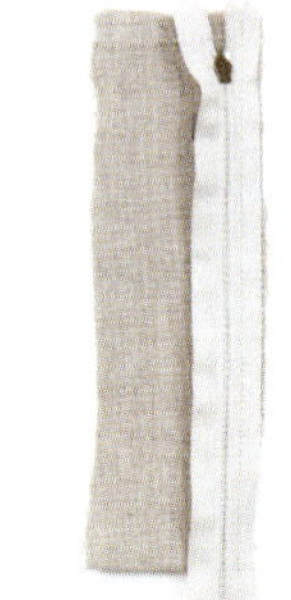

14 지퍼 옆판의 안쪽에 접착심지를 붙이고 겉쪽에 지퍼를 올려놓는다.

15 지퍼달이 노루발이나 외노루발을 이용해 지퍼를 눌러 박는다.

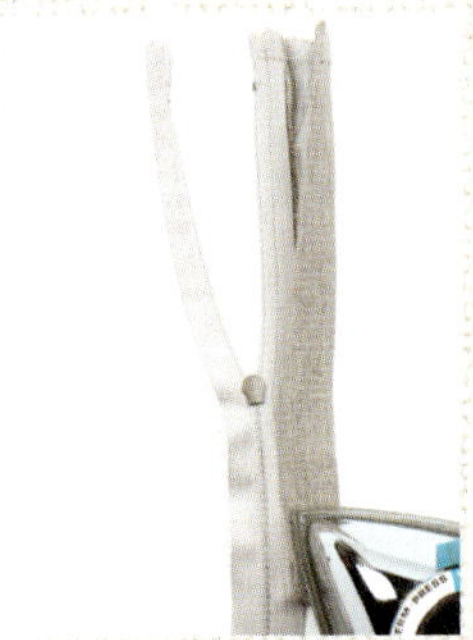

16 지퍼 옆판의 시접을 접어 다려 지퍼 시접을 감싼다.

17 ⑯의 감싼 시접을 손바느질로 꿰맨다.

18 반대쪽 지퍼 옆판도 박는다.

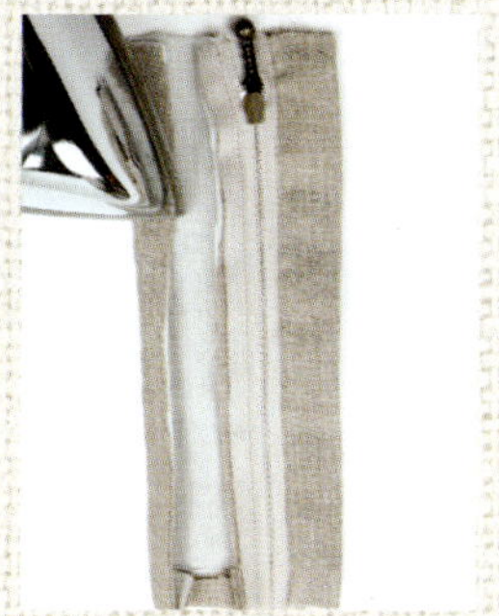

19 시접을 한 번 접어 다린다.

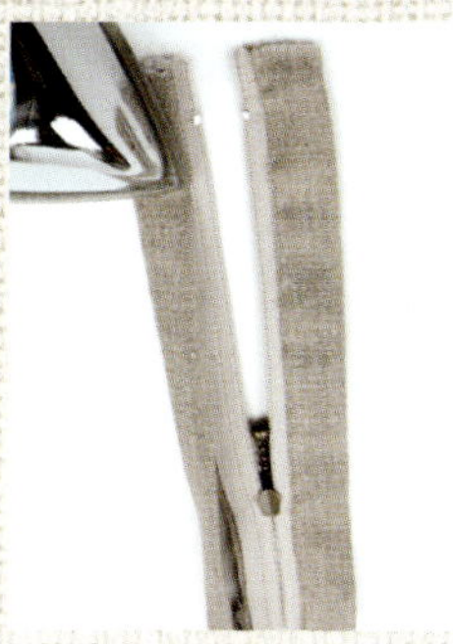

20 다시 반 접어 다린 후 지퍼 시접을 감싼 다음 손바느질로 꿰맨다.

21 지퍼의 한쪽 끝에 리넨 테이프를 반 접어 감싸 박는다.

22 지퍼의 다른 한쪽 끝도 리넨 테이프를 반 접어 박은 후 뒤집어 밴드 형태로 만들어 끼운다.

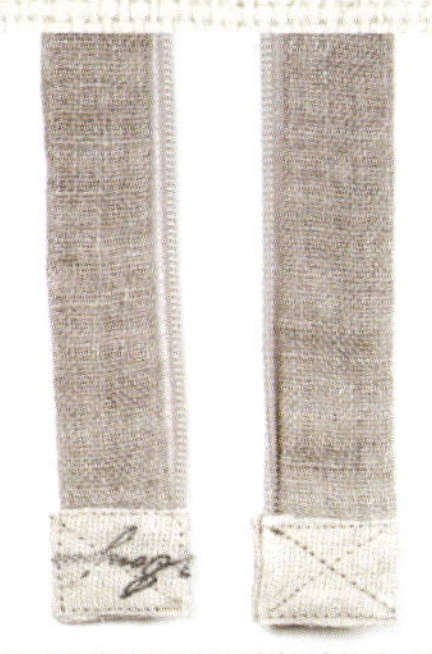

23 지퍼 끝이 바깥으로 나오지 않도록 주의하면서 눌러 박는다.

24 파우치 입구에 지퍼를 대고 눌러 박는다.

Tip 초보자라면 도톰하고 힘 있는 원단이 좋아요

두께가 두꺼운 원단을 사용해 파우치를 만들 경우 굳이 안감을 넣지 않아도 된다. 지퍼 옆판도 시접 포함 3.5cm로 재단해 한 겹으로 만들면 간단하다. 초보자라면 우선 도톰하고 힘 있는 원단을 사용해 안감 없이 만들어보기를 추천한다.

Photo → 32p

양말 파우치

스칼럽 장식 리넨 27×38cm

1cm 폭 리넨 바이어스테이프 혹은 리본테이프 24cm와 30cm 1개씩
* 리넨 바이어스테이프는 같은 원단으로 만들어도 됨.

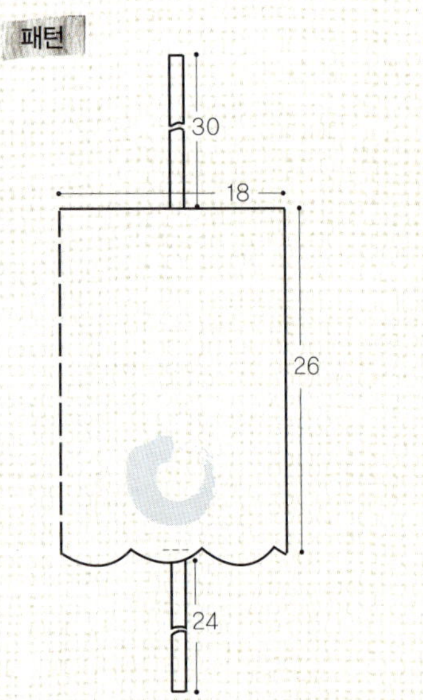

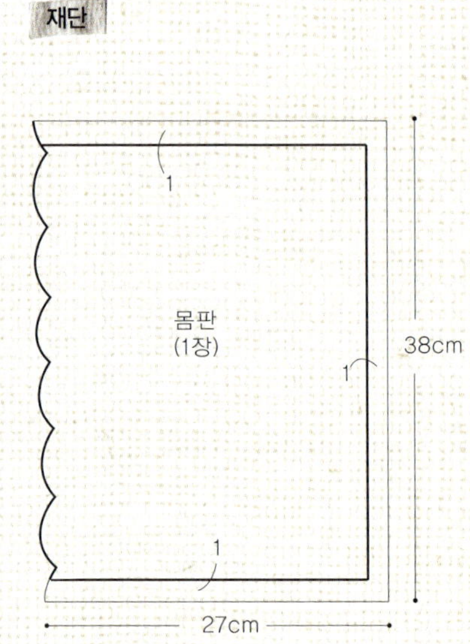

Tip 끈 길이는 취향에 따라 조절하세요

끈 길이는 만드는 사람의 취향에 따라 조절이 가능하다. 길게 해서 한 번 둘러 묶어도 되고,
짧게 해서 간단하고 깔끔하게 묶도록 만들어도 된다.

1 스칼럽 장식 리넨 겉면에 스탬프를 찍어 장식한다.

2 파우치의 아랫면 끈 위치에 끈 하나(24cm)를 박아 고정한다.

3 원단의 겉면이 맞닿도록 반 접어 시침핀으로 고정 한 후 완성선을 따라 ㄱ자 모양으로 2면을 박는다.

4 시접은 오버로크나 지그재그 스티치로 처리 한 후 접어 다린다.

5 ④를 겉면이 보이도록 뒤집는다.

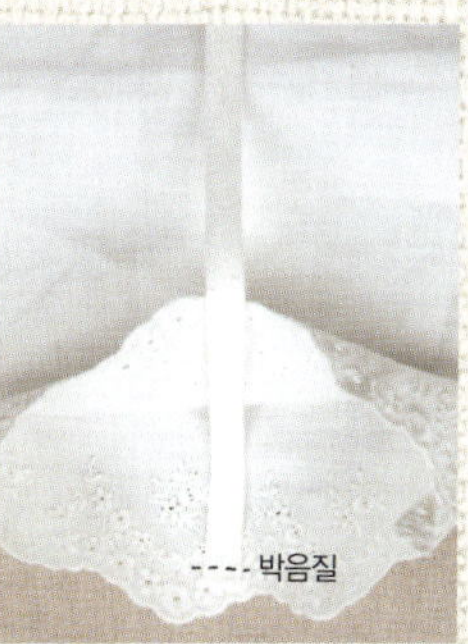

6 스탬프가 찍힌 면의 안쪽에 나머지 끈(30cm) 을 박는다.

7 ⑥의 끈을 위쪽으로 고정하고 다시 한 번 박 는다.

손수건 파우치

스칼럽 장식 리넨 110×21cm

지름 22mm 자개 단추 1개

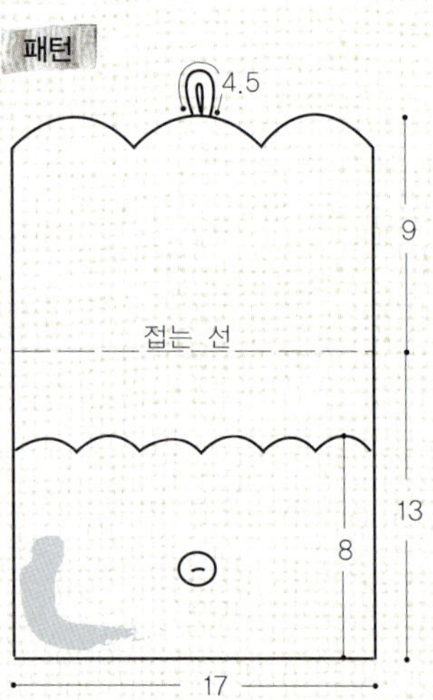

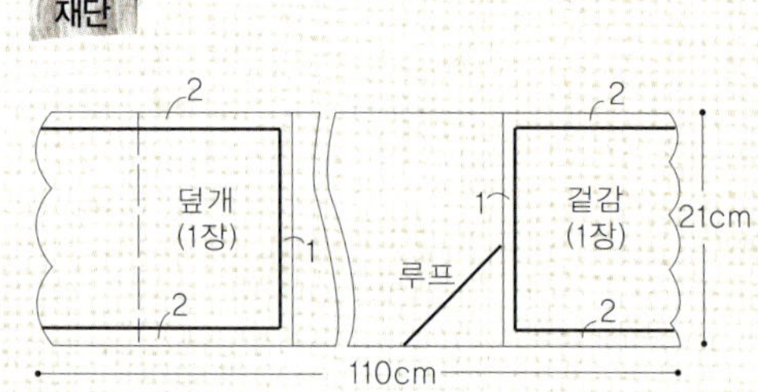

1 스칼럽 장식 리넨 겉감과 덮개를 겉끼리 맞대고 3면을 박는다.

2 덮개 안쪽 면에서 양옆의 시접을 0.7cm 접어 다린다.

3 ②의 시접을 다시 한 번 접어 다린다. 이때 접은 시접선의 끝이 ①의 박음선을 덮지 않도록 한다.

4 ③에서 접은 양옆의 시접을 눌러 박는다.

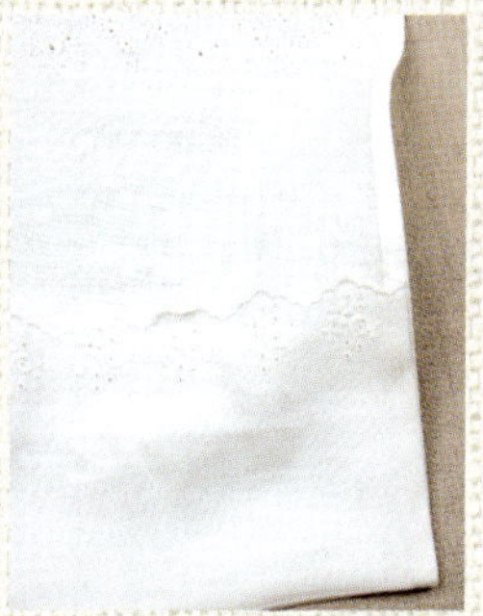

5 ④를 겉면이 바깥으로 나오도록 뒤집는다.

6 5×5cm 원단을 45° 각도의 대각선 방향으로 재단한다.

7 ⑥의 원단 중 삼각형 조각 하나를 겉쪽으로 반 접어 0.3cm 폭으로 박는다.

8 박음선에서 시접을 아주 조금만 남기고 잘라낸다.

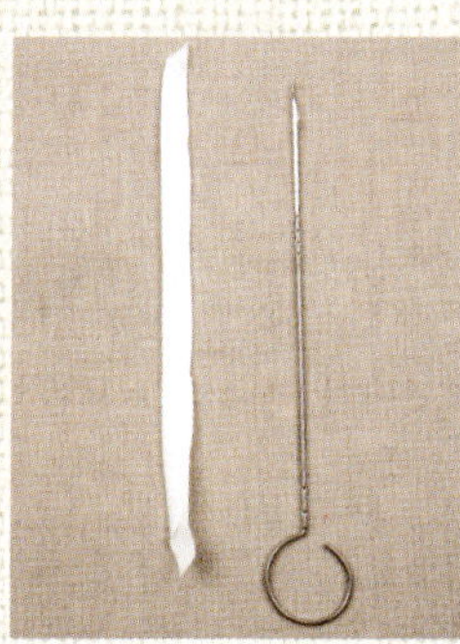

9 루프 뒤집개를 준비한다.

10 루프 뒤집개를 박음선 안쪽에 넣어 반대쪽 끝부분을 고리에 건다.

11 루프 뒤집개로 뒤집어 끈을 만든다.

12 ⑪을 다리미로 다려 끈을 완성한다.

13 끈을 6.5cm 길이로 자른 후 덮개 안쪽에 고정한 다음 박는다.

14 끈을 바깥쪽으로 접어 다시 한 번 박아 고정한다.

15 끈 위치에 맞춰 겉감에 자개 단추를 달아 마무리한다.

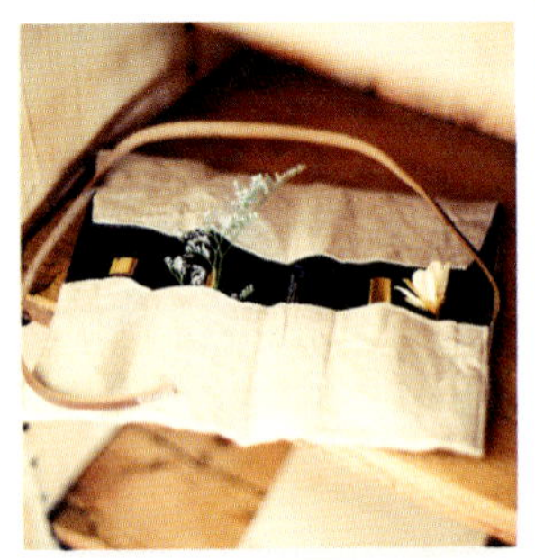

Photo → 34p

브러시케이스

원단

리넨(겉감용) 26×39cm, 체크무늬 리넨(안감용) 26×39cm

부자재

0.5cm 폭 가죽 끈 50cm, 장식용 라벨

패턴   **재단**

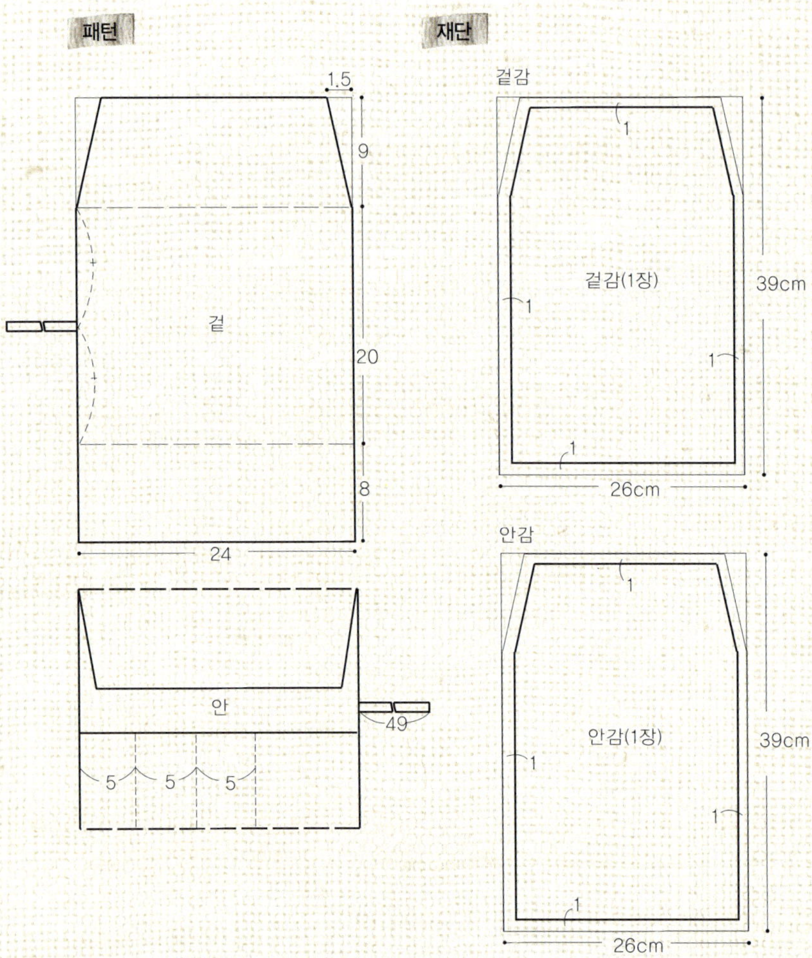

1 리넨 겉감의 겉면에 가죽 끈을 박아 고정한다.

2 리넨 겉감 겉면과 체크 무늬 리넨 안감을 겉끼리 맞대고 시침핀으로 고정 한다.

3 창구멍(10cm)을 남기고 완성선을 따라 사방을 박는다.

4 시접을 접어 다린다.

5 겉면이 바깥으로 나오 도록 뒤집어 다린 후 사 방을 끝부분에 바짝 붙여 눌러 박는다.

6 다시 한 번 다림질한다.

7 겉감의 겉면에 라벨을 박아 고정한 다음 접히는 부분을 초크로 표시한다.

8 위아래의 표시한 선을 접어 다린다.

9 칸막이선을 초크로 그 린다.

10 덮개가 고정되도록 윗면 끝선을 눌러 박 는다.

11 아래쪽 칸막이의 양쪽 끝부분을 눌러 박는다.

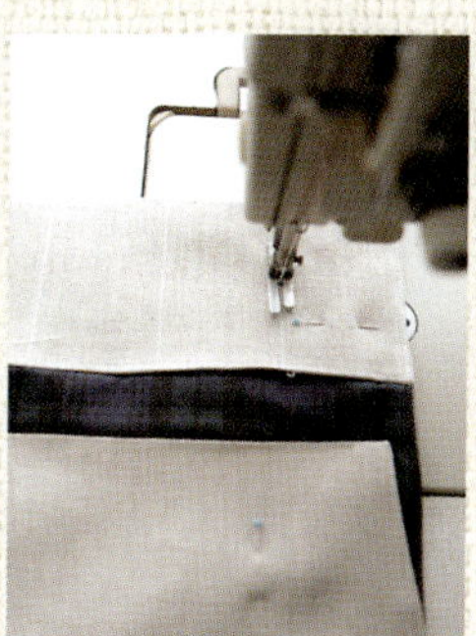

12 칸막이선을 눌러 박은 다음 다림질한다.

앤티크 동전지갑

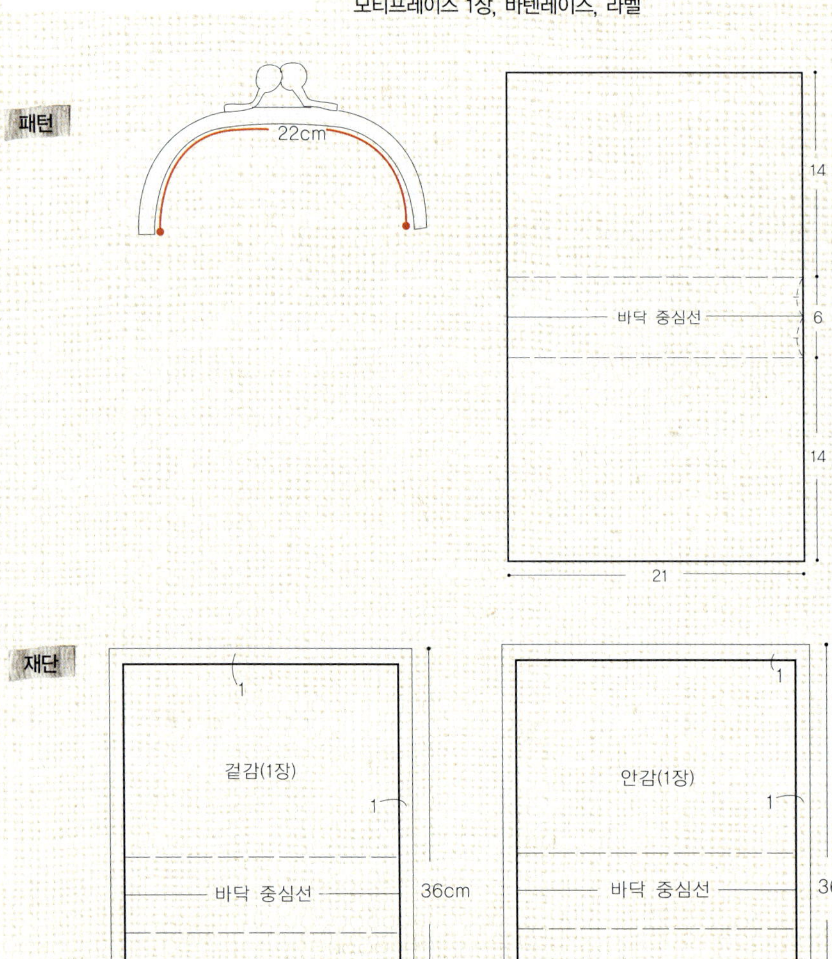

Photo → 36p

1 리넨 겉감의 겉면 위쪽에 모티프레이스를 고정해 박는다.

2 겉감의 아래쪽에 바텐레이스를 고정해 박는다.

3 겉감과 안감을 겉끼리 맞댄 후 창구멍(10cm)을 남기고 사방을 박는다.

4 겉면이 바깥으로 나오도록 뒤집은 다음 창구멍을 공그르기한다.

5 안감의 겉면에 바닥면과 바닥 중심선을 그린다.

6 바닥 중심선을 기준으로 반 접은 후 겉감의 겉면에서 옆선을 공그르기한다 (옆선에 끼우는 라벨도 함께 꿰맨다).

7 이때 양 옆선의 입구 쪽 5cm는 꿰매지 않는다.

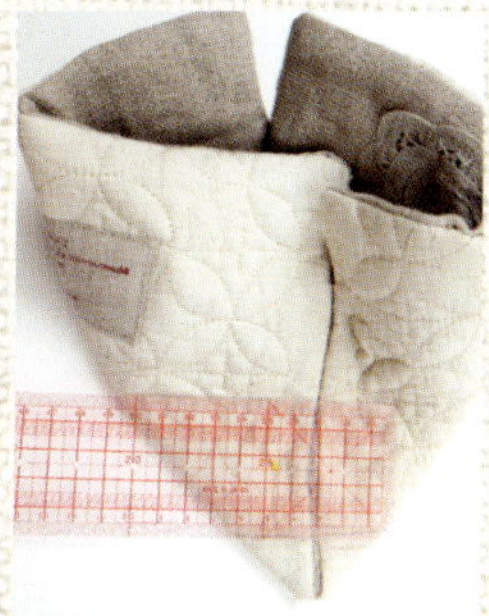

8 ⑥에서 꿰맨 옆선과 바닥 중심선이 일치하도록 모서리를 접는다.

9 모서리의 삼각형 밑변이 6cm가 되는 선을 긋는다.

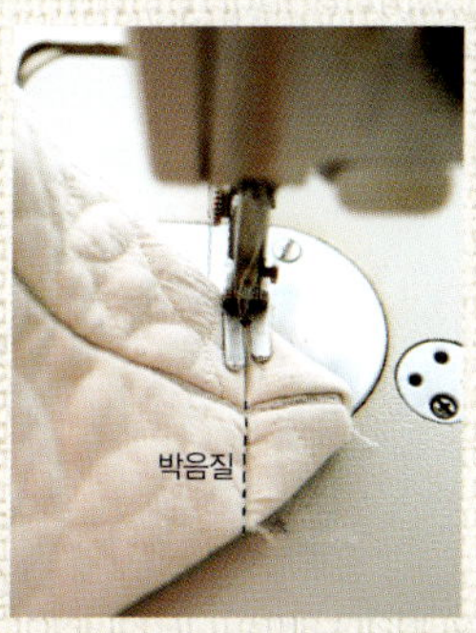

10 ⑨의 선을 따라 박은 다음, 겉면이 바깥으로 나오도록 뒤집는다.

11 똑딱프레임에 ⑩에서 완성한 지갑의 입구를 송곳으로 끼운다.

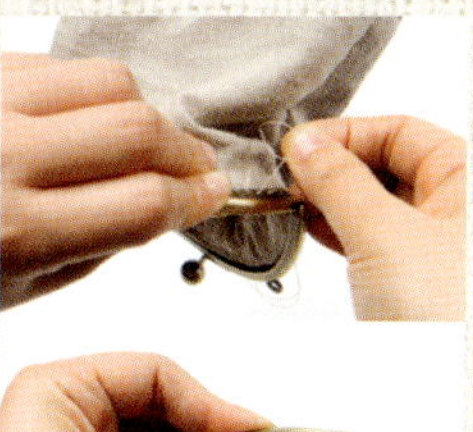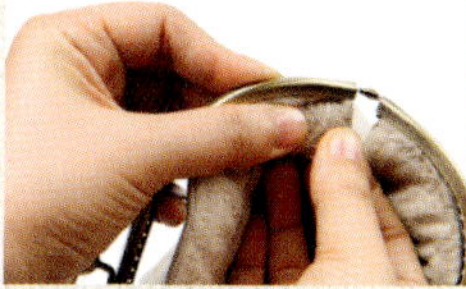

12 똑딱프레임을 지갑에 꿰맨다.

다용도 주머니

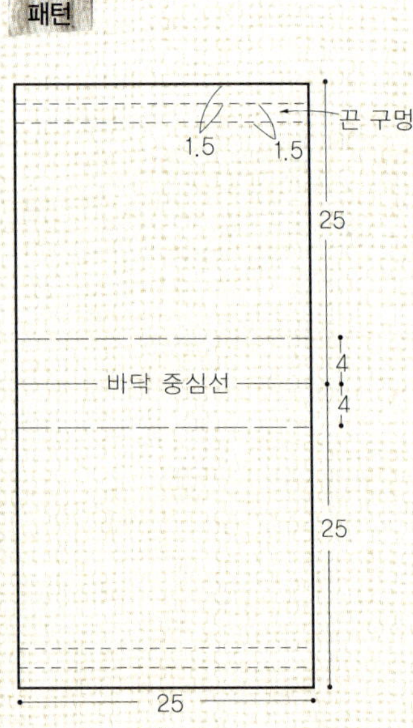

Photo → 38p

초콜릿색 더블거즈(겉감용) 27×52cm,
리넨 80×52cm(안감·끈용, 끈을 면 테이프나 다른 원단으로 만든 바이어스테이프를
사용할 경우 안감용 리넨은 27×52cm 필요)

웨이스트 캔버스(십자수용) 약간, 그레이 수실 약간, 리넨 테이프(끈 끝처리용) 약간

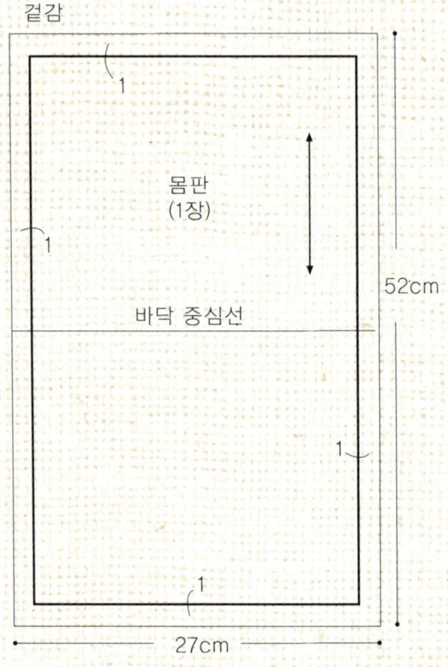

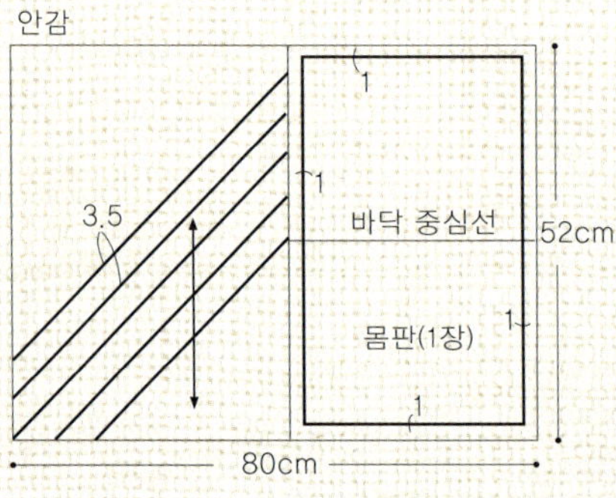

1 초콜릿색 더블거즈 겉감의 겉면에 십자수를 놓기 위한 웨이스트 캔버스를 시침핀으로 고정한다.

2 원하는 이니셜을 십자수로 수놓는다.

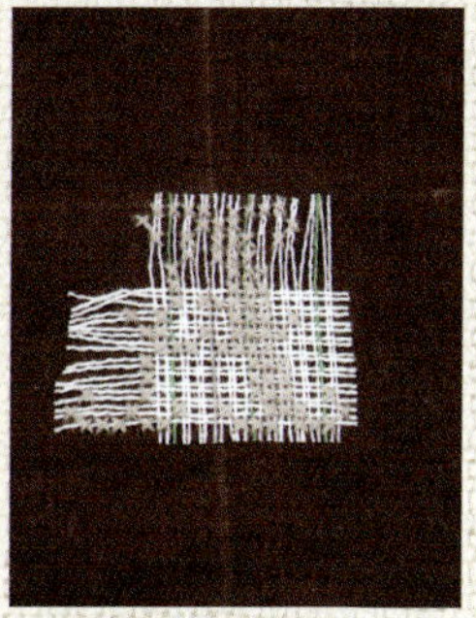

3 웨이스트 캔버스 올을 빼내어 없앤다.

4 겉감과 안감을 겉끼리 맞대고 위아래만 박는다.

5 시접은 갈라서 다린다.

6 겉감의 겉끼리, 안감의 겉끼리 맞닿도록 접는다. 안감 쪽에 창구멍(10cm)을 남기고 겉감의 끝에서 안감의 끝까지 옆선을 박는다.

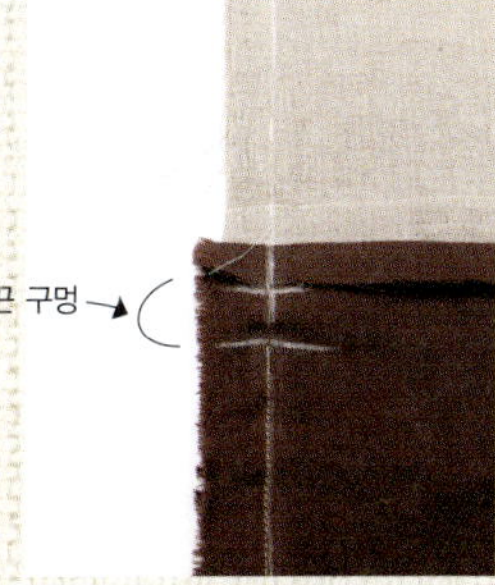

7 이때 겉감의 좌우, 주머니 입구로부터 1.5cm 떨어진 지점에서의 1.5cm는 끈이 통과할 구멍으로, 남기고 박아야 한다.

8 옆선 시접을 갈라서 다린다.

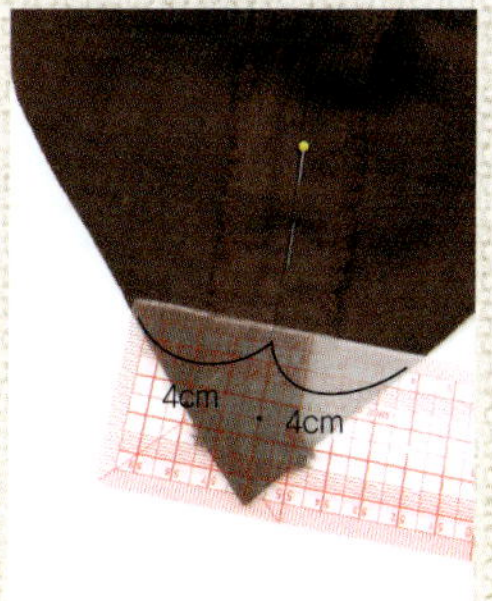

9 ⑥에서 박은 옆선과 바닥 중심선이 일치하도록 모서리를 접은 다음 8cm를 자로 재서 초크로 그린 후 박는다.

10 같은 방법으로 겉감의 두 모서리, 안감의 두 모서리를 모두 박는다.

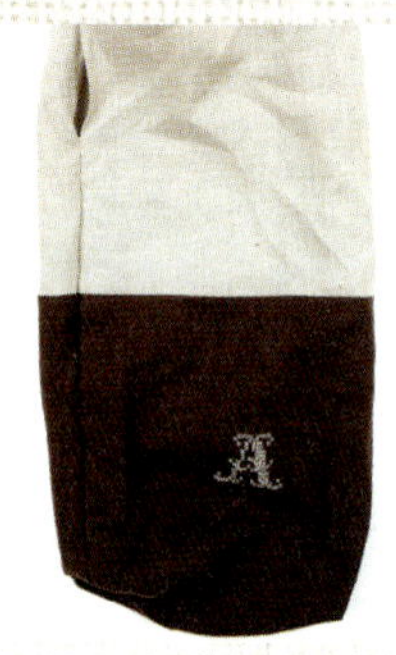

11 뒤집은 후 창구멍을 공그르기한다.

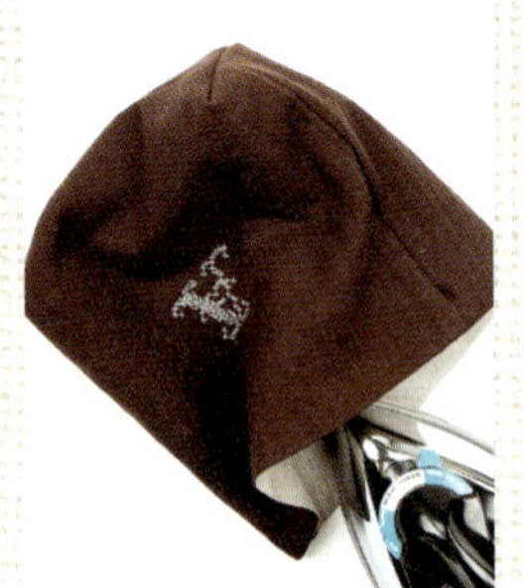

12 안감을 겉감 속으로 집어 넣고 주머니 입구를 다린다.

13 끈 구멍 위아래를 박아 끈이 통과할 터널을 만든다.

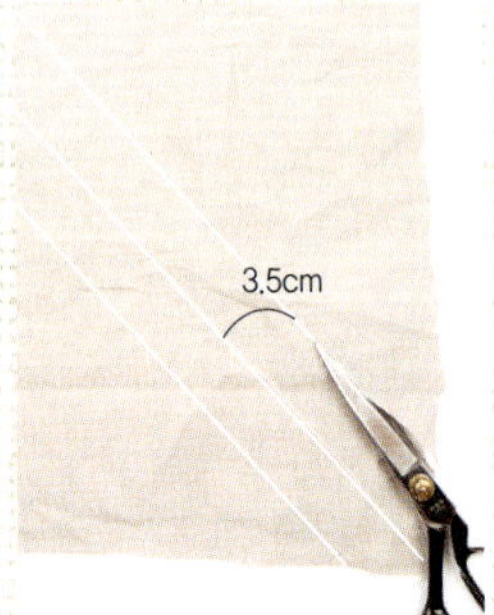

14 안감용 리넨을 45° 각도의 3.5cm 폭으로 재단한다.

15 끈 길이(74cm)에 맞춰 2장을 준비한다.

16 바이어스 메이커에 바이어스 테이프를 통과시키며 다린다.

17 ⑯에서 양쪽 면이 접혀 다려진 바이어스 테이프를 다시 반 접어 다린 후 박는다.

18 오른쪽 끈 구멍에 끈을 끼워 한 바퀴 돌아 다시 오른쪽 끈 구멍으로 끈이 나오도록 한다.

19 나머지 끈은 왼쪽 끈 구멍에서 시작해 다시 왼쪽 끈 구멍으로 나오도록 끼운다.

20 끈의 끝부분에 리넨 테이프를 잘라서 감싼 후 눌러 박아 마무리한다.

Photo → 42p

미니 숄더백  실물 패턴

원단

거즈 리넨(겉감용) 60X50cm, 리넨(안감·주머니용) 60X50cm

부자재

지퍼 35cm, 리넨 레이스 약간, 접착심지 약간, 2.3cm 폭 가죽 끈 60cm

재단

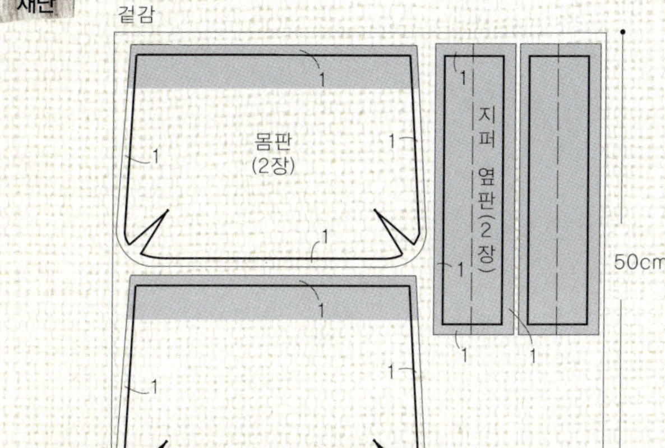

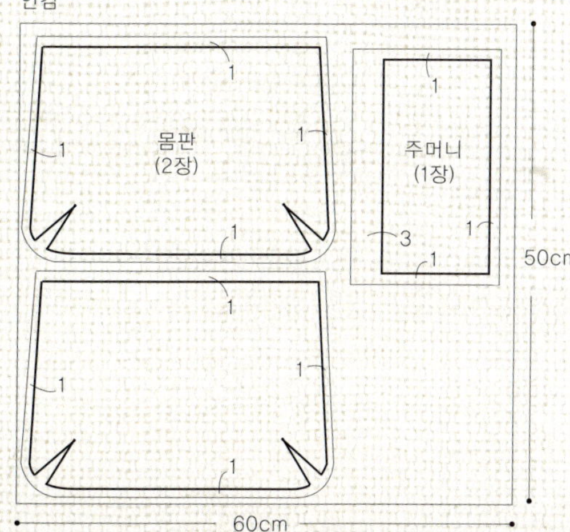

접착심지 붙이는 곳

만드는 법

1 겉감과 안감의 다트를 박는다.

2 주머니 3면의 시접을 접어 다린다.

3 주머니 입구의 시접을 1cm 접어 다린 후 다시 2cm를 접어 다린다.

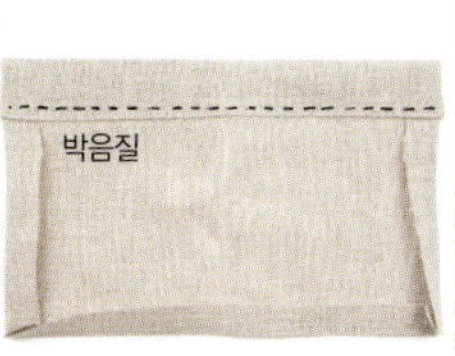

4 주머니 입구 시접을 눌러 박는다.

5 안감의 겉면에 주머니를 눌러 박는다.

6 지퍼 옆판의 안쪽 면에 접착심지를 붙인 후 반 접어 다린다.

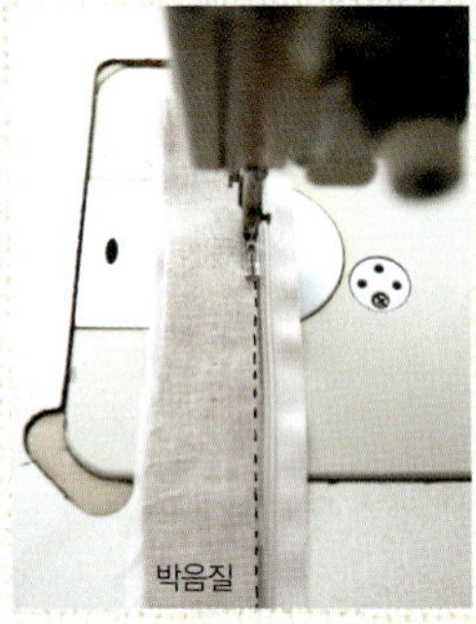

7 지퍼 옆판의 접혀진 면에 지퍼를 대고 겉에서 눌러 박는다.

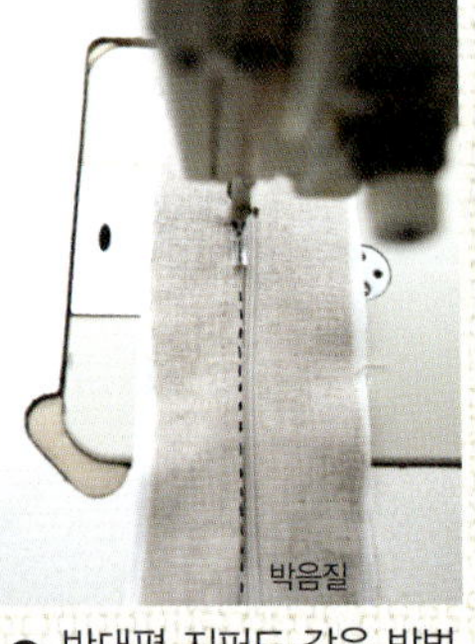

8 반대편 지퍼도 같은 방법 으로 박는다.

9 겉감의 가방 입구 안쪽에 접착심지를 붙이고 겉감 2장을 겉끼리 맞대어 입구를 제외한 3면을 박는다. 안감도 안감끼리 박는다.

10 시접을 접어 다린다.

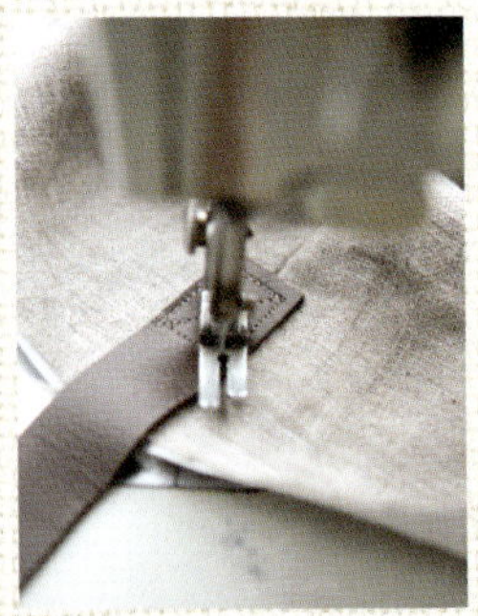

11 겉감의 겉에 가죽 끈을 박는다.

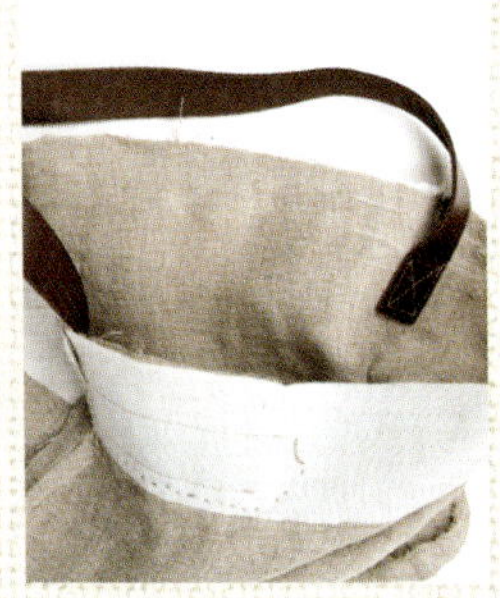

12 가죽 끈의 반대쪽도 박는다.

13 지퍼 옆판에 패턴을 대고 모양대로 잘라 낸다. 이때 시접 1cm 두는 것을 잊지 말 것.

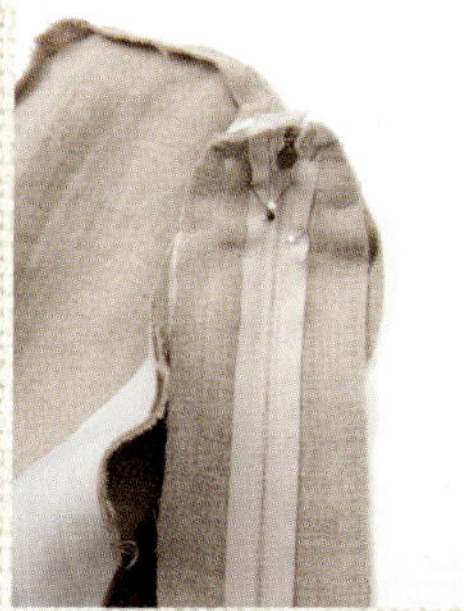

14 지퍼 옆판과 겉감의 겉끼리 맞닿도록 양 옆선을 시침핀으로 고정한다. 이때 가죽 끈은 같이 박지 않도록 아래로 젖혀둔다.

15 나머지 부분도 겉감의 겉과 고정해 시침핀을 꽂은 후 빙 둘러 박는다.

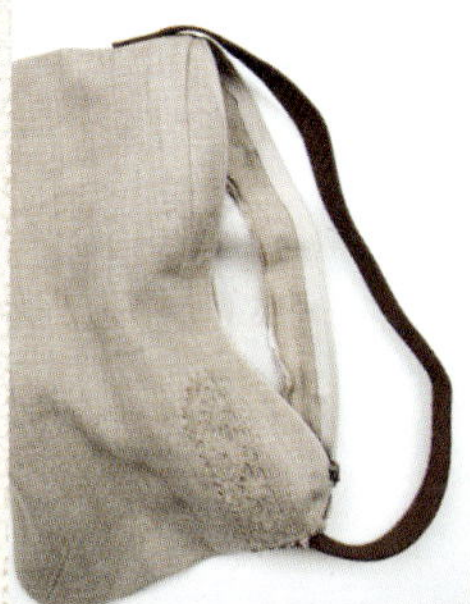

16 지퍼를 열어 겉면이 바깥으로 보이도록 뒤집는다.

17 안감의 가방 입구 시접을 1cm 접어 다린다.

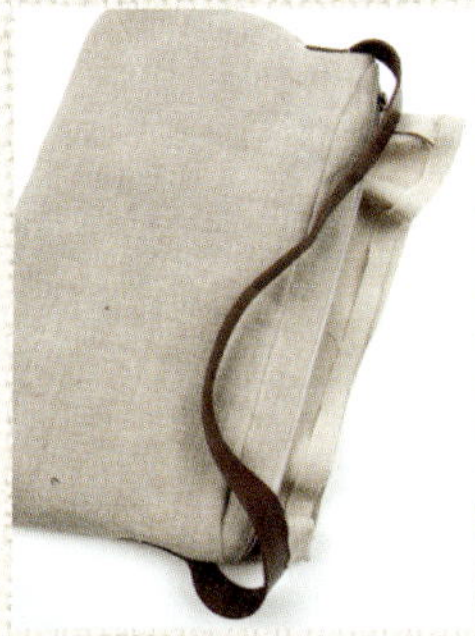

18 가방 겉감 속에 가방 안감을 쏙 집어 넣는다.

19 안감이 겉으로 나오도록 뒤집는다.

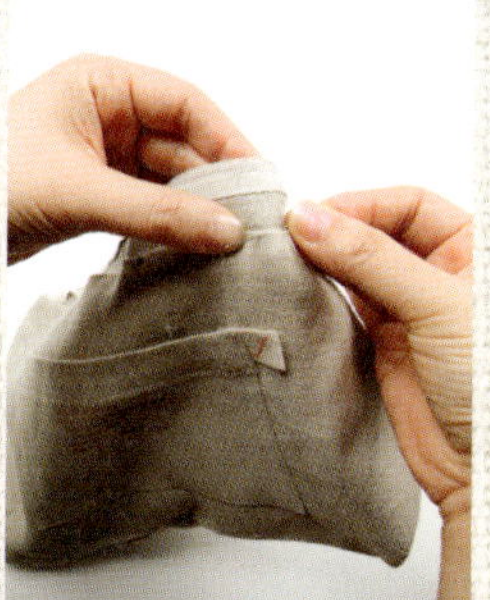

20 안감과 겉감의 입구를 공그르기한 다음 다시 뒤집는다.

21 가방 입구를 다리미로 다린다.

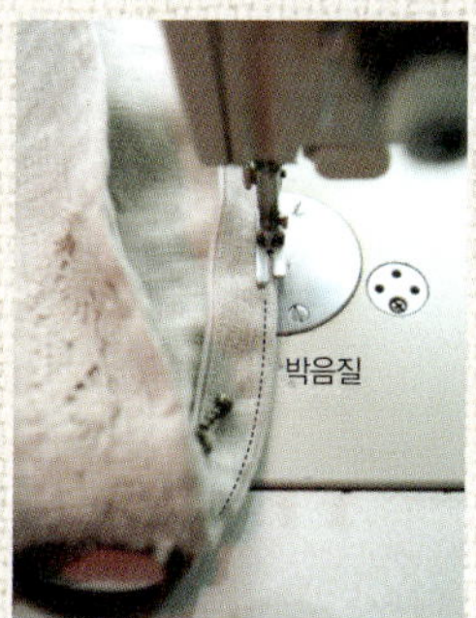

22 가방 입구를 안쪽에서 눌러 박는다.

레이스 토트백 

Photo → 44p

원단

110cm 폭 20수 면(겉감용) 50cm, 110cm 폭 리넨(안감·주머니용) 70cm,
브라운 벨벳(테두리·끈용) 50×50cm

부자재

5cm·3cm 폭 레이스 각각 150cm

재단

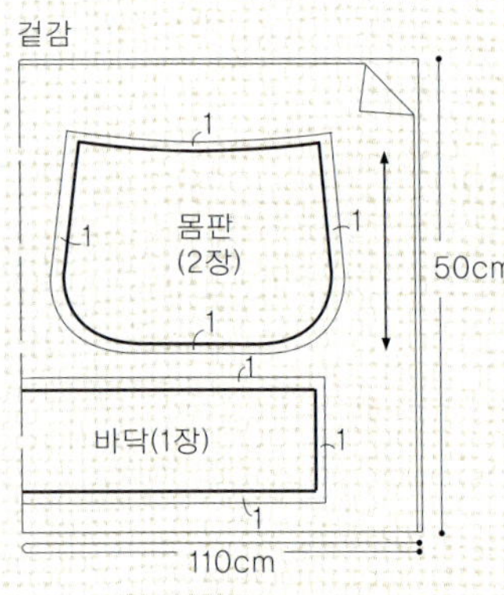

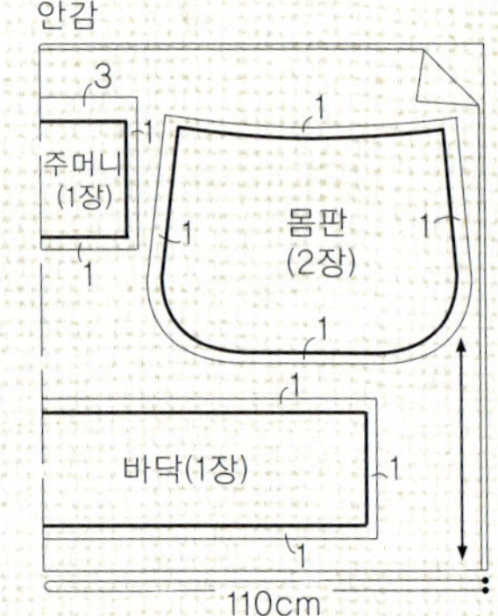

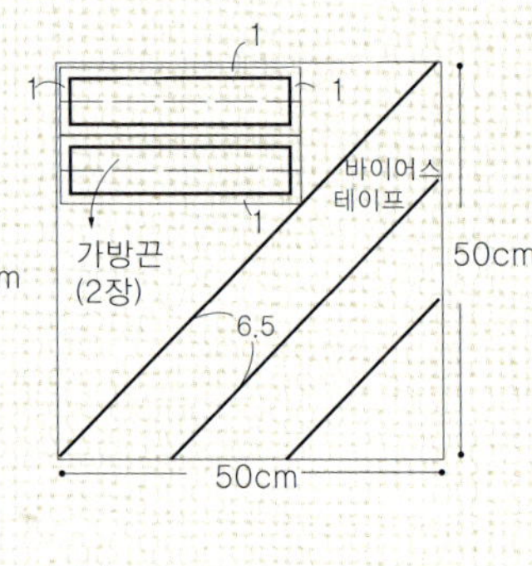

만드는 법

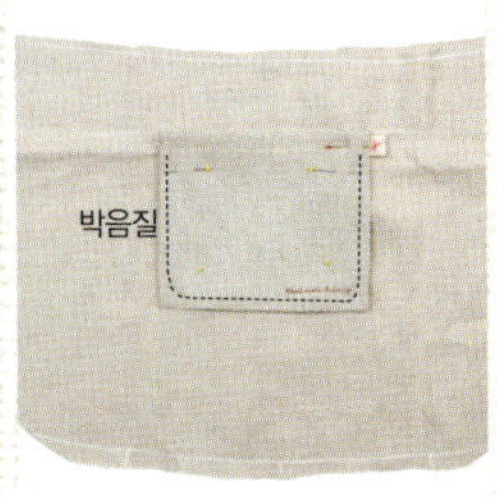

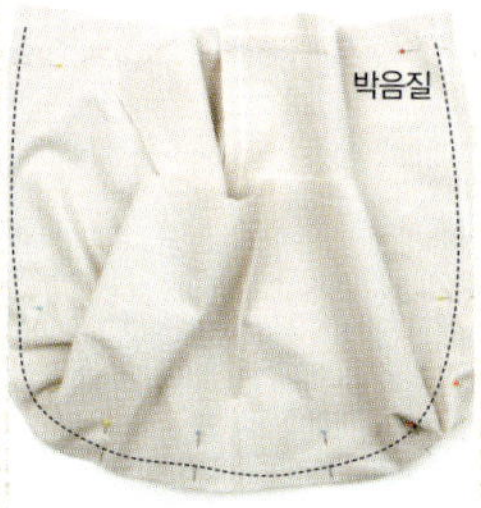

1 리넨 안감의 겉면에 주머니를 박는다.

2 겉감 몸판의 입구와 아래쪽에 주름을 잡는다.

3 겉감 몸판과 바닥을 겉끼리 맞대고 박는다.

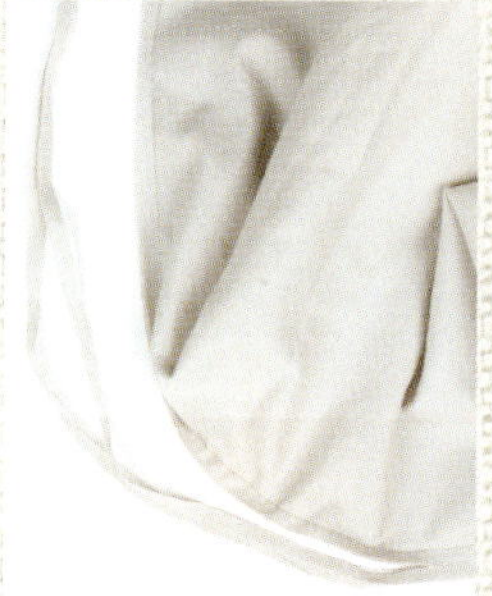

4 시접은 0.5cm 남기고 잘라낸다.

5 시접을 바닥 쪽으로 꺾어 다린다.

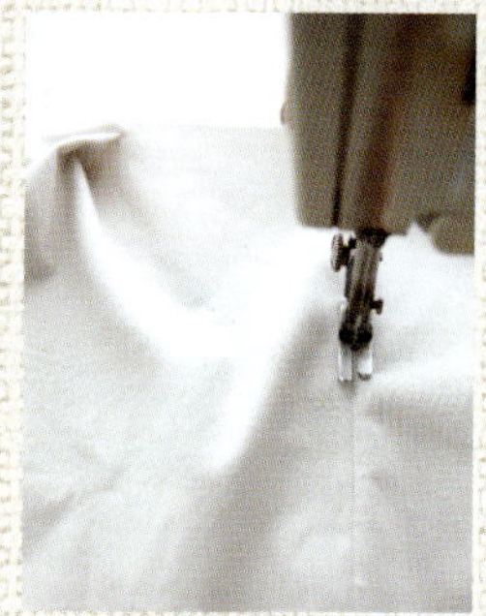

6 바닥면의 겉에서 시접을 눌러 박는다. 다른 한쪽의 몸판도 같은 방법으로 바닥 면과 연결한다.

7 안감도 겉감과 같은 방법으로 몸판과 가방 입구의 주름을 잡은 후 바닥 과 연결한다. 겉감과 안감을 안끼리 맞댄 다음, 가방 입 구를 둘러 박는다.

8 옆선의 주름을 접어 박는다.

9 주름을 양옆으로 갈라서 다린다.

10 두 종류의 레이스를 포개어 주름을 잡는다.

11 가방 입구에 레이스를 박는다.

12 가방끈 2장은 각각 겉끼리 맞닿도록 반 접어 박은 후 시접이 가운데 오도록 갈라 다림질한 후 뒤집는다.

13 가방 입구에 두를 벨벳 바이어스테이프를 6.5cm 폭으로 만든 후 양쪽 시접 1cm를 안으로 접어 다린다.

14 다시 한 번 중심을 향해 반 접어 다린다.

15 바이어스테이프를 〈가방 입구 길이+2cm〉로 잘라 양끝을 겉끼리 맞대고 포개어 박아 잇는다.

16 시접은 갈라서 다린다.

17 바이어스테이프와 가방 입구를 겉끼리 맞대고 박는다.

18 가방 안쪽의 정해진 위치에 가방끈을 박는다.

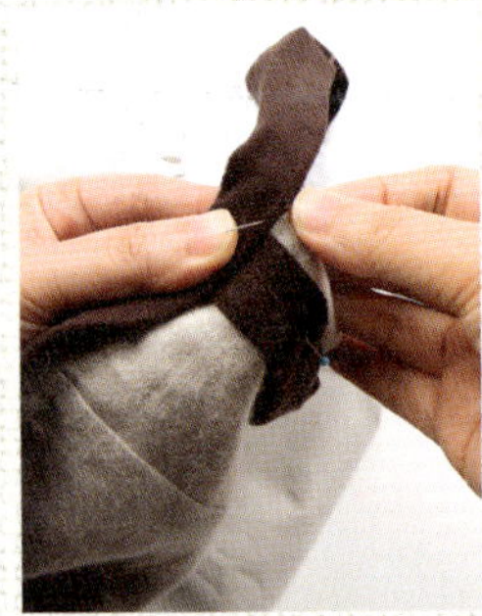

19 바이어스테이프를 안감 쪽으로 꺾어 손바느질로 꿰맨다.

20 가방끈을 꺾어 눌러 박는다.

내추럴 숄더백

150cm 폭 면 리넨 90cm

리넨 레이스 약간, 1cm 폭 리넨 테이프 약간

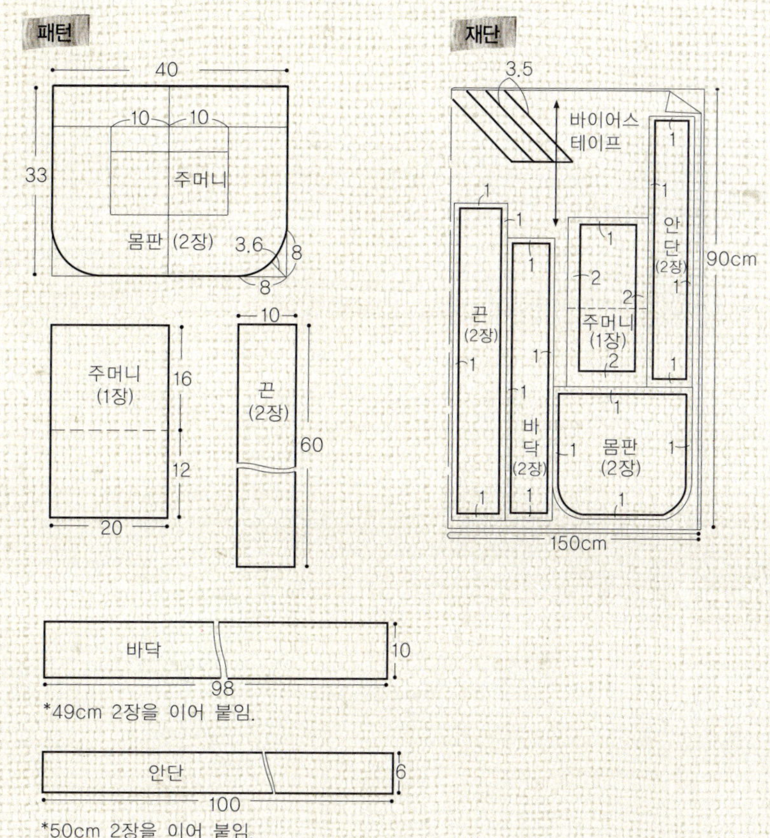

*49cm 2장을 이어 붙임.

*50cm 2장을 이어 붙임.

1 면 리넨 앞판의 겉면에 스탬프를 찍은 후 리넨 레이스를 홈질로 꿰매 고정한다.

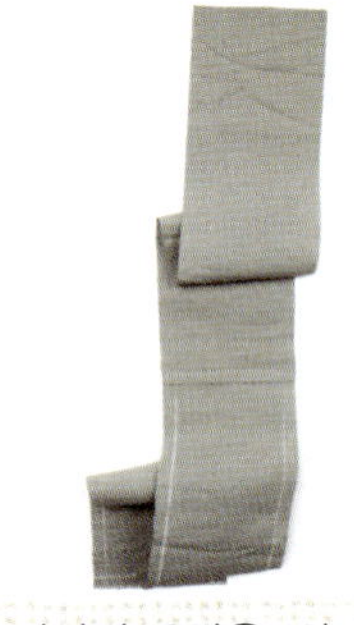

2 바닥면 2장을 겉끼리 맞대고 박은 후 시접은 갈라 다린다.

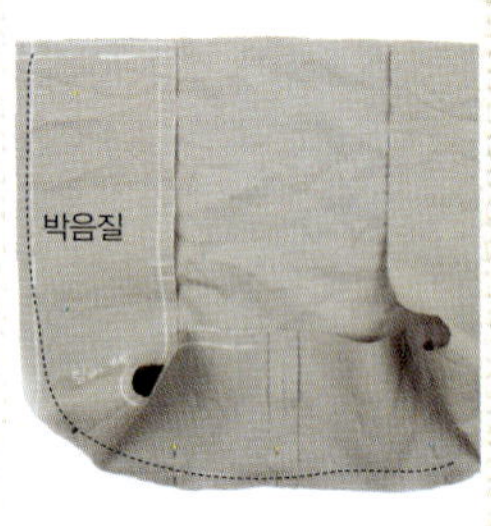

3 앞판과 바닥을 겉끼리 맞대고 시침핀으로 고정한 후 3면을 박는다.

4 뒤판과 바닥을 겉끼리 맞대고 3면을 박는다.

5 시접은 0.5cm 남기고 잘라낸다.

6 같은 원단으로 폭 3.5cm의 바이어스 테이프를 만든 다음 바이어스 테이프의 겉면을 ⑤의 시접에 대고 박는다.

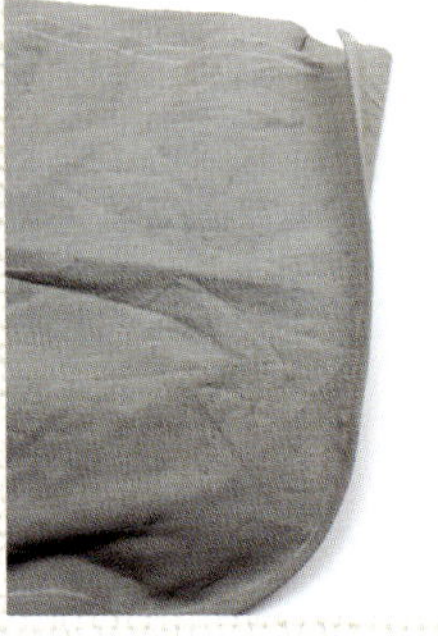

7 시접을 바이어스테이프로 감싸고 다시 한 번 박는다.

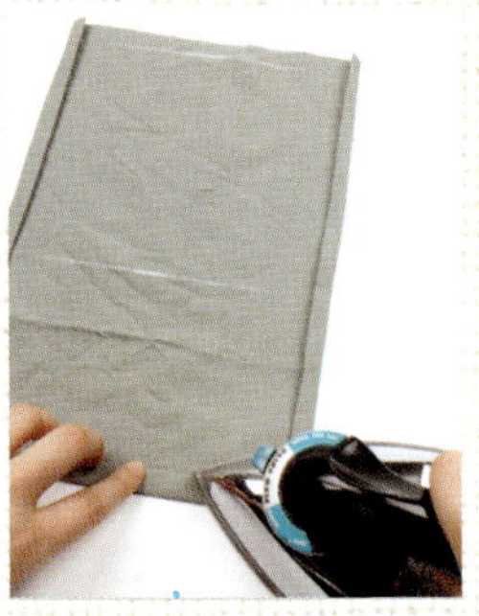

8 안쪽 주머니의 3면 시접을 1cm씩 2번 접어 다린다.

9 ⑧에서 접어 다린 시접을 눌러 박는다.

10 주머니 바닥선을 접은 다음 양 옆선을 박는다.

11 끈을 만들기 위해 재단한 원단 2장을 겉끼리 맞대고 양 옆선을 박는다.

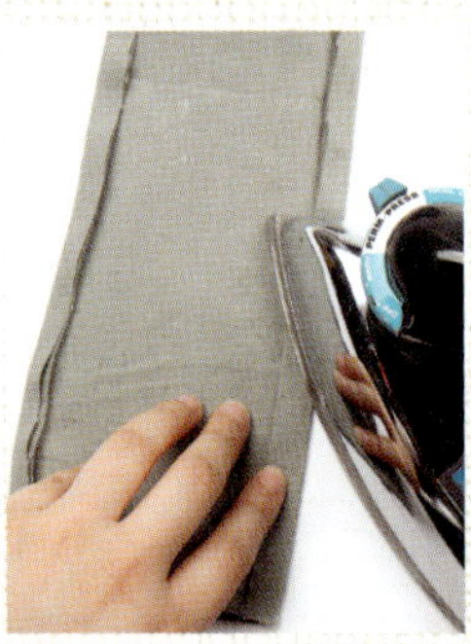

12 ⑪의 시접은 접어 다린다.

13 겉면이 나오도록 뒤집은 다음 다린다. 끝선에 바짝 붙여 다시 한 번 눌러 박는다.

14 1cm 폭 리넨 테이프 는 반 접어 가방 입구 에 박고, 가방 겉쪽의 양옆 에 끈을 고정해 미리 박는다.

15 안단의 양끝을 박아 밴드 형태로 만든 후, 한쪽 면의 시접을 접어 다린다.

16 몸판의 겉에 안단의 겉(시접을 접어 다리지 않은 쪽)을 대고 박는다.

17 안단을 몸판의 안으로 집어 넣고 가방 입구를 다린 후, ⑩에서 만든 주머니 를 정해진 위치에 시침핀 으로 고정한다.

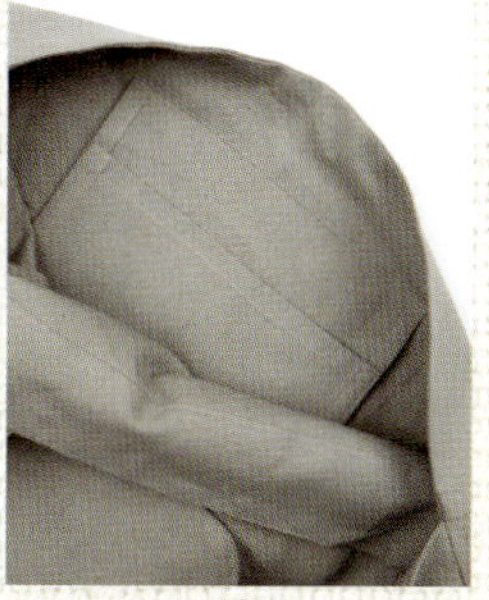

18 안단의 나머지 한쪽 면(시접을 접어 다렸 던)을 눌러 박으면서 주머니 도 함께 박는다.

19 끈의 중심을 기준으로 12cm를 반 접어 다 린다.

20 나머지 반도 가운데를 맞춰 접어 다린다.

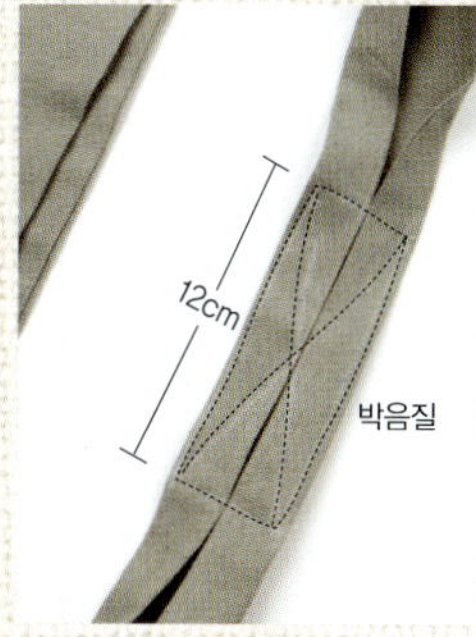

21 접은 부분을 눌러 박 는다.

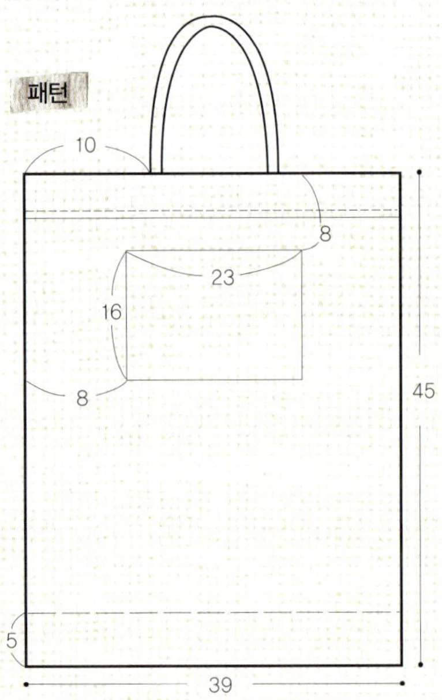

꽃무늬 토트백

원단

110cm 폭 꽃무늬 리넨(겉감용) 50cm,
110cm 폭 리넨(안감·주머니용) 70cm

부자재

2.3cm 폭 가죽 끈 80cm, 가죽 가방끈 43cm 1쌍

패턴

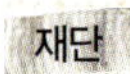

재단

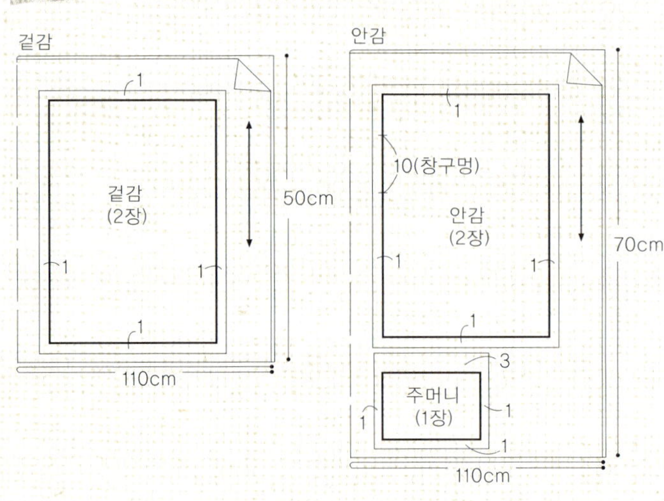

만드는 법

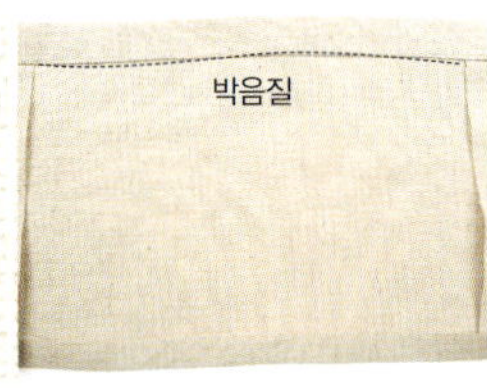

1 주머니의 3면 시접을 접어 다린다.

2 주머니 입구의 시접을 1cm, 2cm씩 2번 접어 다린다.

3 주머니 입구의 시접을 박는다.

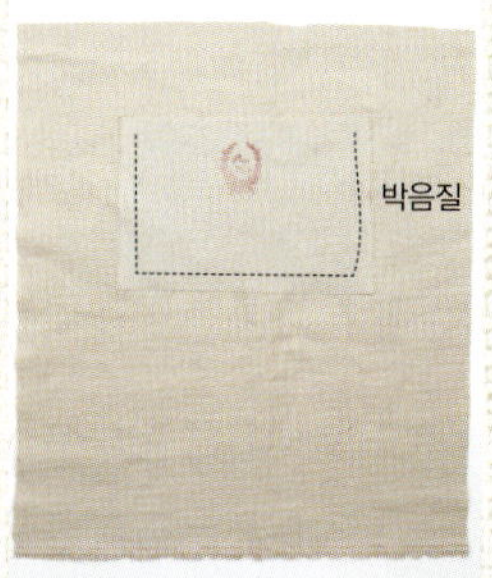

4 안감의 겉면에 주머니를 박는다.

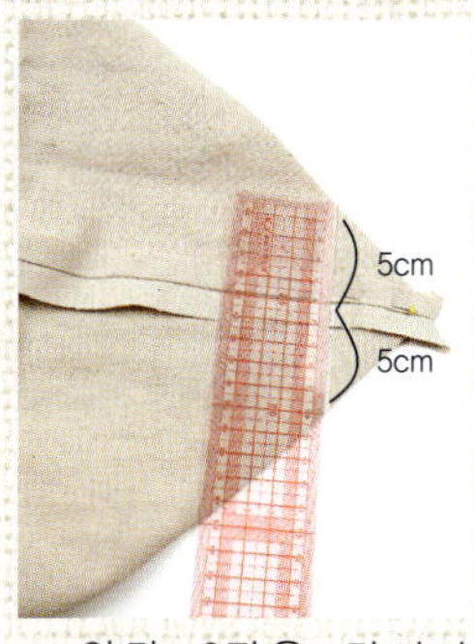

5 안감 2장을 겉끼리 맞대고 3면을 박은 후(안감 옆선의 창구멍 10cm는 박지 않는다), 바닥 중심선과 옆선이 만나도록 양옆의 모서리를 삼각형 모양으로 접는다. 삼각형의 밑변이 10cm가 되는 선을 초크로 그린 후 박는다.

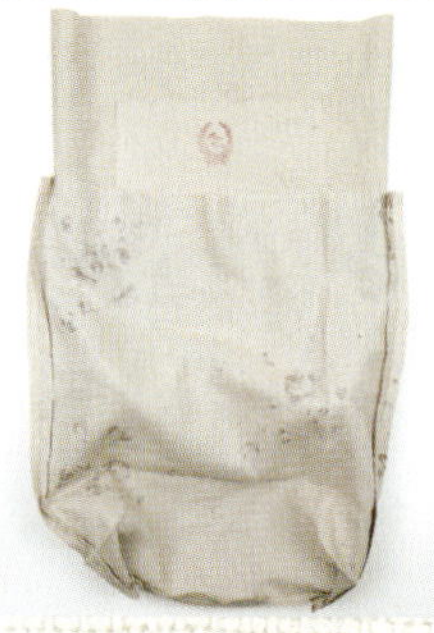

6 겉감도 안감과 같은 방법으로 바느질한 후, 겉감과 안감을 겉끼리 맞대고 포갠다.

7 포갠 겉감과 안감의 가방 입구를 빙 둘러 박는다.

8 겉이 바깥으로 나오도록 창구멍으로 뒤집는다.

9 안감을 겉감 속으로 집어 넣고 가방 입구를 다린다.

10 가방끈을 가방 입구에 박는다.

11 가죽 끈을 가방 입구를 따라 빙 둘러 박는다.

Photo → 50p

속옷 가방

110cm 폭 스트라이프무늬 리넨(겉감용) 45cm, 110cm 폭 데님(안감용) 45cm

2cm 폭 리넨 테이프(손잡이끈용) 22cm, 지퍼 95cm

겉감 · 안감(시접은 모두 1cm)

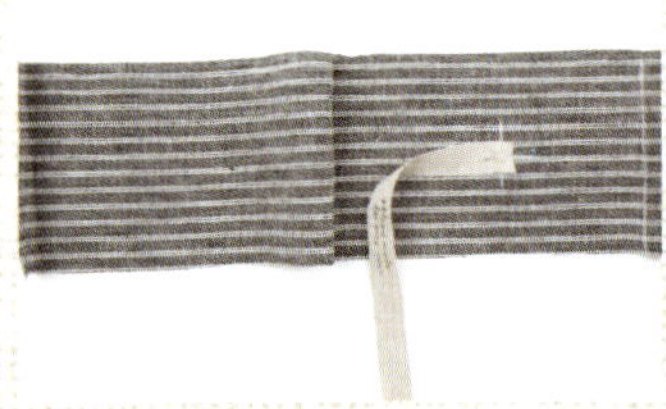

1 가방 옆면 가운데 부분의 손잡이끈 위치에 리넨 테이프의 한쪽 겉을 대고 박는다.

2 리넨 테이프를 옆면의 중심 방향으로 젖혀 겉에서 눌러 박는다.

3 리넨 테이프의 오른쪽 겉면을 손잡이 오른쪽 위치에 대고 박는다.

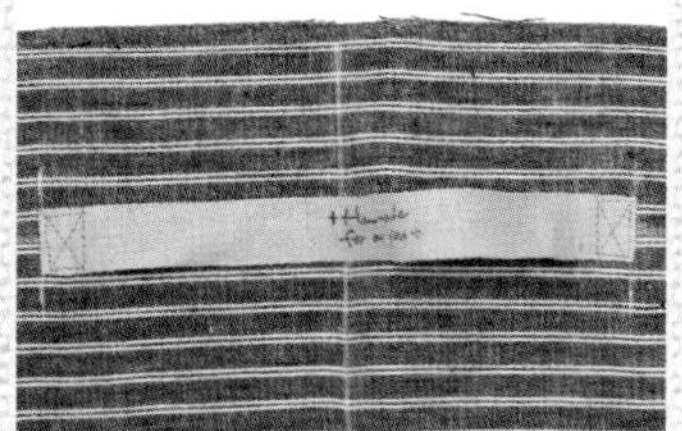

4 리넨 테이프를 왼쪽으로 젖혀 겉에서 눌러 박는다.

5 뒷면의 1cm 높은 면이 위쪽으로 향하도록 맞춘 후, 가방 옆면과 뒷면을 겉끼리 맞대고 박는다(이때 위쪽-덮개 방향-끝에서 2cm는 박지 않고 남겨둔다).

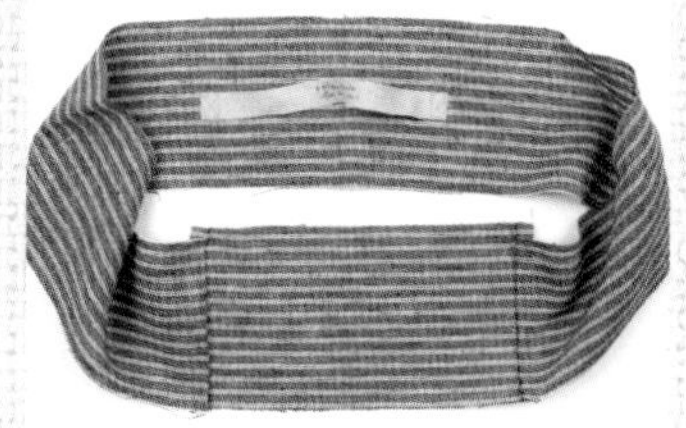

6 시접은 가방 뒷면의 중심을 향하도록 꺾어 다린다.

7 안감의 옆면과 뒷면도 같은 방법으로 연결한다(위쪽-덮개 방향-끝에서 2cm는 박지 않고 남겨둔다).

8 안감의 바닥면 중 길이가 긴 두 면을 가방 옆면과 뒷면에 잇는다. 이때 옆면의 중심과 뒷면의 중심이 바닥면의 중심과 일치하도록 맞춘다.

9 옆면 모서리 부분 4곳에 가윗밥을 넣는다.

10 가윗밥을 넣은 부분을 ㄱ자로 꺾어 가방 바닥면과 맞춰 고정한다.

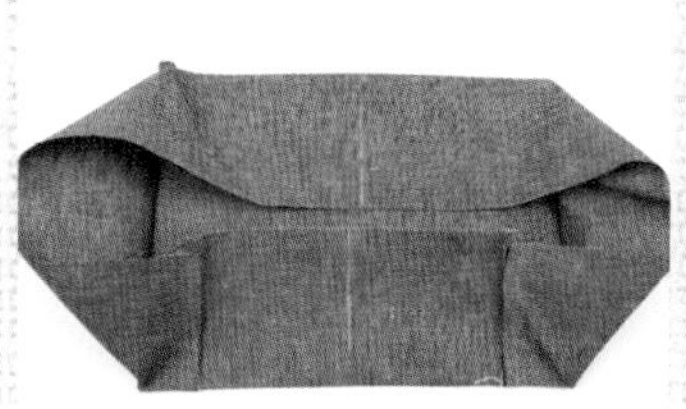

11 가방 바닥면과 옆면의 나머지 2면을 맞춰 박는다.

12 겉감도 안감과 같은 방법으로 바닥면과 연결한 후, 옆면의 윗부분에 지퍼를 단다.

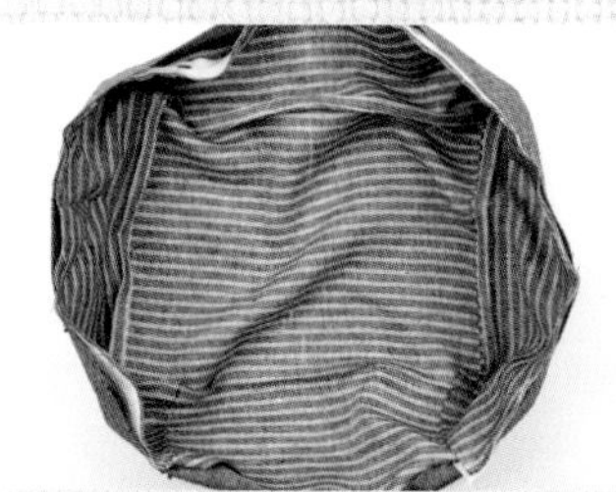

13 겉감과 안감을 겉끼리 맞대고 시침핀으로 고정한다.

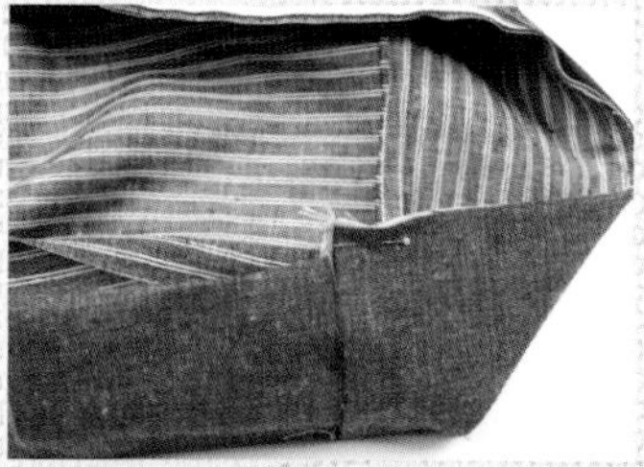

14 이때 뒷면은 같이 박지 않을 부분이므로 시접을 바닥 쪽으로 접어둔다.

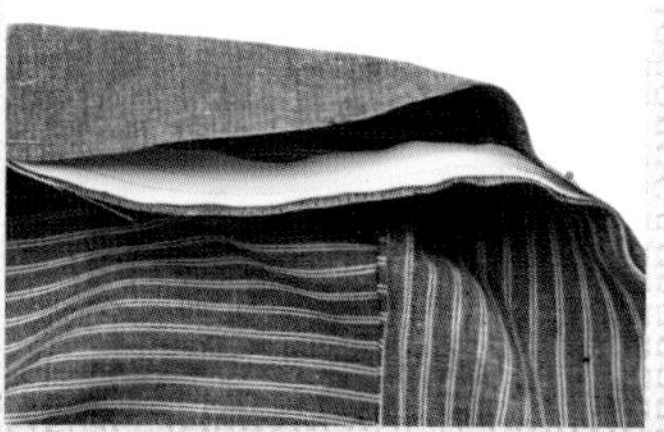

15 옆면의 끝에서 끝까지 박는다.

16 겉감의 겉면이 바깥으로 나오
도록 뒤집는다.

17 뒤집으면 지퍼의 끝부분은
사진처럼 아직 고정되지 않은
상태다.

18 지퍼의 끝을 겉감과 안감 사이에
끼워 넣고 겉에서 눌러 박는다.

19 겉감의 덮개 겉면을 지퍼 한쪽
면에 맞춰 시침핀으로 고정한다.

20 바닥면을 연결할 때와 같은
방법으로 겉감의 덮개와 지퍼의
한쪽 면을 연결한다.

21 지퍼와 겉감의 덮개를 연결한 후
지퍼를 연다.

22 안감 덮개의 시접을 접어 다린
후, 지퍼의 안쪽 면과 안감
덮개의 안을 맞대고 시침핀으로
고정한다.

23 손바느질로 안감 덮개를 지퍼에
꿰맨다.

Photo → 54p

코사지

원단

리넨 24×18cm(리넨 코사지용),
가죽 원단 24×18cm(가죽 코사지용)

부자재

리넨 테이프 약간, 리넨 레이스 약간, 핀(브로치용) 혹은 가죽 끈(펜던트용),
가는 와이어(리본플라워 공예용)

만드는 법

1 리넨에 코사지 본을 대고 꽃잎 12장을 재단한다.

2 바닥에 수건을 두툼하게 깔고 다리미 끝으로 꽃잎의 가운데를 꾹 눌러가며 다린다. 수건 두께가 두툼할수록 꽃잎의 볼륨이 커진다.

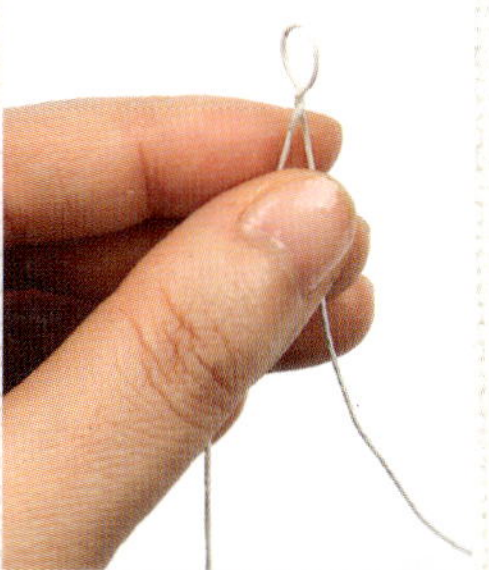

3 와이어를 반 접어 끝부분 1cm 정도를 고리로 남기고 꼬아준다.

4 꽃잎 1장을 접어 쥔다. 꽃잎을 와이어 사이에 끼운 후 꼬아서 꽃잎을 고정한다.

5 나머지 꽃잎도 조르르 꼬아서 연결한다.

6 와이어를 말아 꽃을 완성하고 ③에서 만든 고리에 와이어 끝을 끼워 묶는다.

7 뒷면에 리넨 레이스, 리넨 테이프 등을 글루건으로 붙인다. 펜던트로 만들 경우 펜던트용 가죽 끈도 같이 붙인다.

8 지저분한 뒷면에 동그랗게 자른 리넨을 글루건으로 붙인 다음, 브로치용 핀도 글루건으로 붙여 완성한다. 가죽 코사지도 같은 방법으로 만든다.

Photo → 56p

머플러

체크 머플러 : 체크무늬 울 리넨 90×180cm,

베이지 머플러 : 베이지 리넨 60×180cm, 브라운 머플러 : 브라운 면 60×180cm

베이지 머플러 : 장식용 라벨

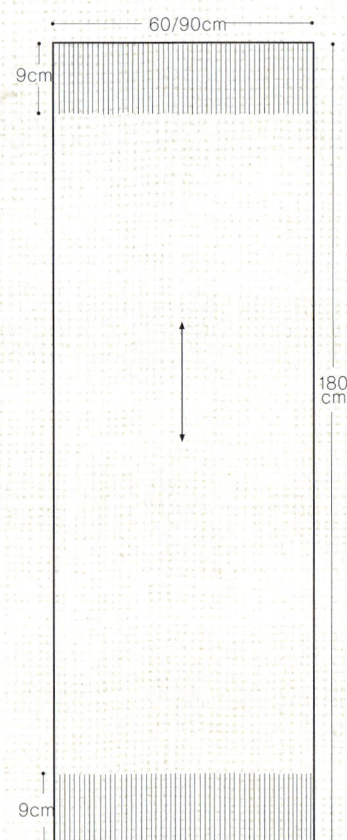

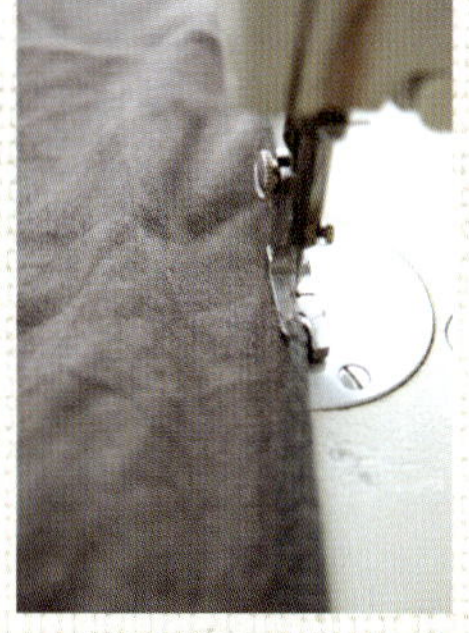

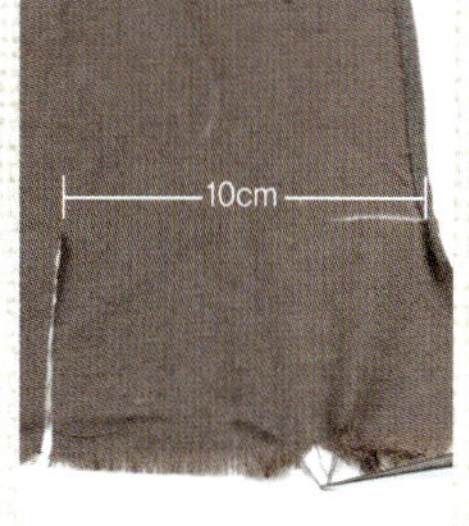

1 재단한 원단의 길이 방향으로 양면의 시접을 0.3cm 폭으로 2번 접어 다린 후 박는다.

2 말아 박기 노루발 사용이 익숙하다면 길이 방향 양면의 시접을 말아 박기하는 것이 더 깔끔하고 편하다.

3 머플러 양쪽 끝부분을 약 10cm 간격으로 가른 후 송곳으로 올을 푼다. 가르지 않고 한번에 올을 풀려면 올이 잘 풀리지 않는다.

4 올을 다 풀었으면 0.7~1cm 폭 만큼 올을 잡은 다음 다시 이것을 반 가른다.

5 반으로 갈라 쥔 올을 각각 왼쪽 방향으로 돌돌 돌려서 꼰다.

6 ⑤를 다시 하나로 합쳐 오른쪽 방향으로 꼰 다음, 꼬인 올의 윗부분이나 아랫부분을 묶어 마무리한다.

Photo → 60p

에이프런 원피스 실물 패턴

원단

110cm 폭 블랙 리넨 210cm

부자재

접착심지, 지름 22mm 단추 2개

재단

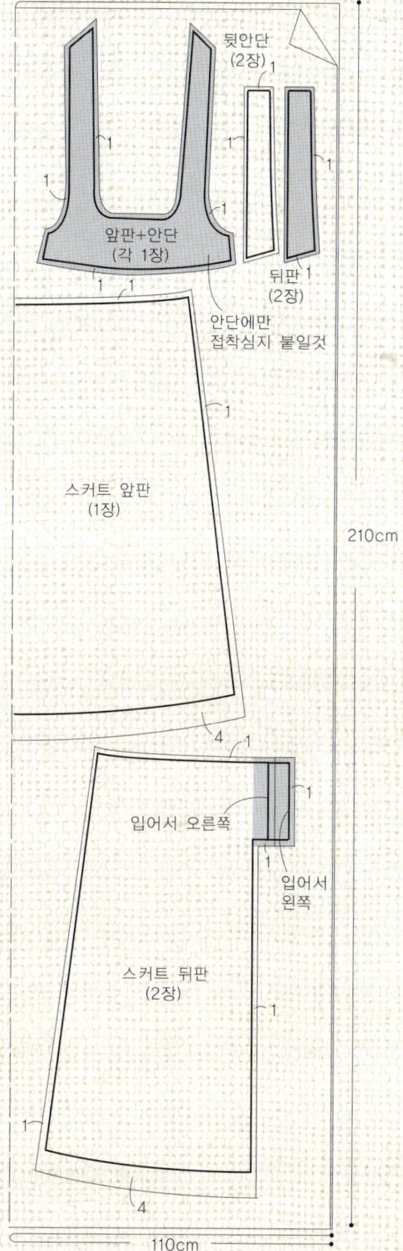

만드는 법

1 접착심지를 붙인 앞판과 뒤판 안단 옆선을 겉끼리 맞대고 박는다.

2 시접은 갈라서 다린다.

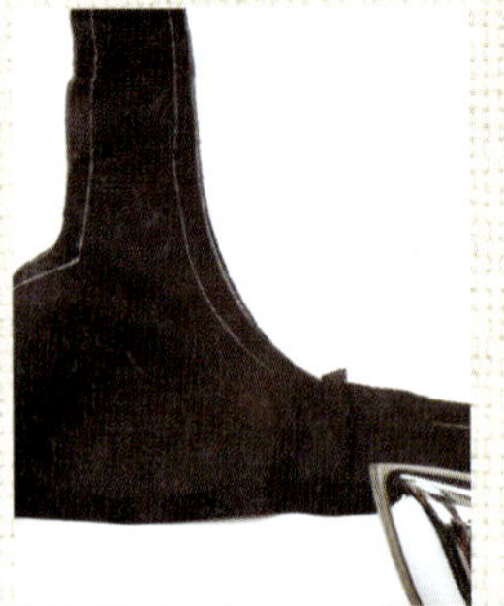 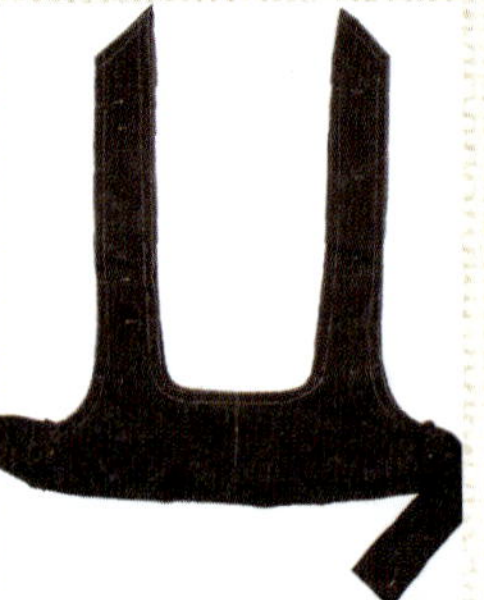 

3 앞뒤 몸판도 같은 방법
으로 옆선을 연결한 후
밑단 시접을 접어 다린다.

4 안단과 몸판을 겉끼리 맞
닿도록 겹쳐놓고 시침핀
으로 고정한다.

5 네크라인과 진동선을 박
는다.

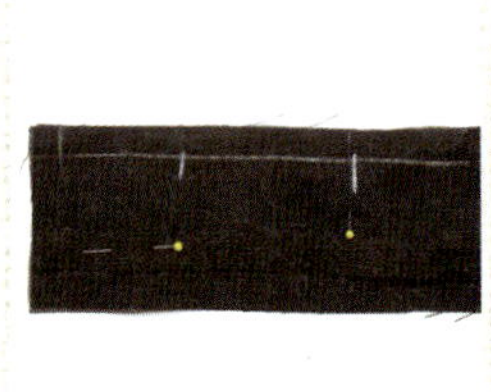  

6 이때 뒷몸판의 어깨끈
끼우는 위치는 박지 않고
남겨둔다.

7 시접은 0.5cm 남기고
잘라낸다.

8 시접을 꺾어 다린다.

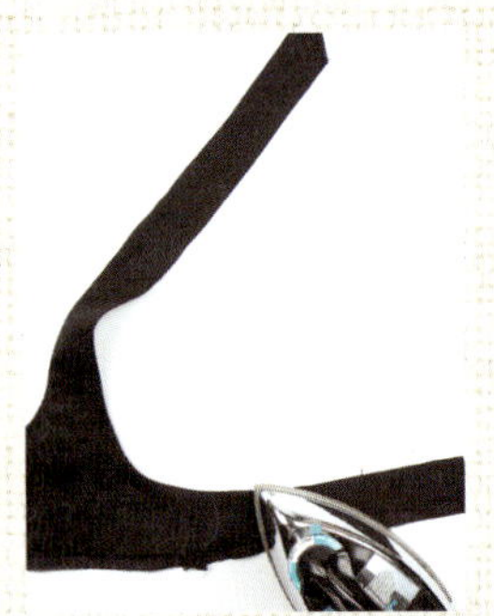  

9 겉으로 뒤집어 다린다.

10 스커트 허리 부분에
주름을 잡아 시침핀
으로 고정한다.

11 주름이 풀어지지 않
도록 박아서 고정한다.

12 스커트 앞뒤판의 옆선을 연결한다. 시접은 한꺼번에 오버로크나 지그재그 스티치로 처리한다.

13 뒤판을 겉끼리 맞대고 중심선을 맞춰 시침핀으로 고정한다.

14 뒤판의 여밈단에는 접착심지를 붙이고, 뒤판 오른쪽 시접은 1cm 접어 다린다. 왼쪽 시접은 1cm, 4cm씩 2번 접어 다린 후 여밈단 아래에서 뒤판 중심을 한번에 박는다.

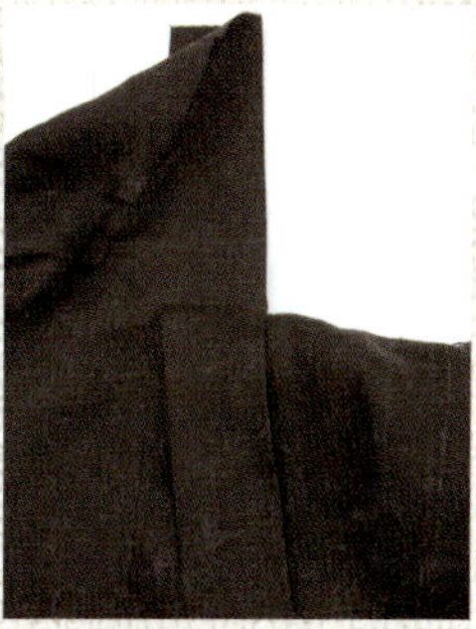

15 시접은 한꺼번에 오버로크나 지그재그 스티치로 처리한다. 뒤판을 좌우로 펼치면 사진처럼 여밈단이 완성된다.

16 여밈단의 끝을 직사각형으로 눌러 박는다.

17 스커트 안쪽과 안단의 겉면을 맞닿게 해서 앞뒤 중심, 옆선을 잘 맞춰 시침핀으로 고정한다.

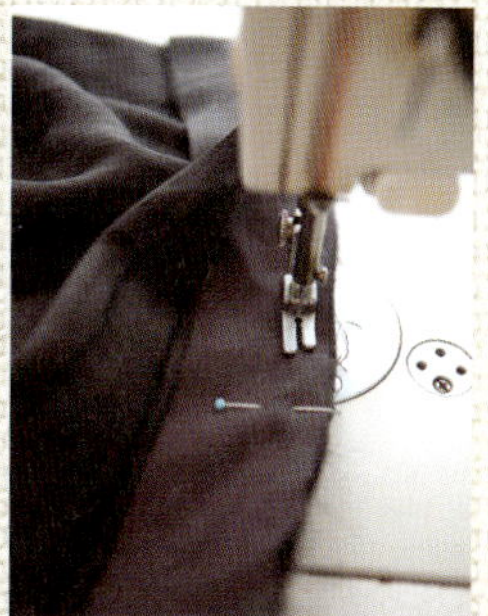

18 허리선을 빙 둘러 박는다.

19 허리선의 시접을 모두 몸판과 안단 사이에 집어 넣고 시침핀을 꼼꼼히 꽂아 고정한다.

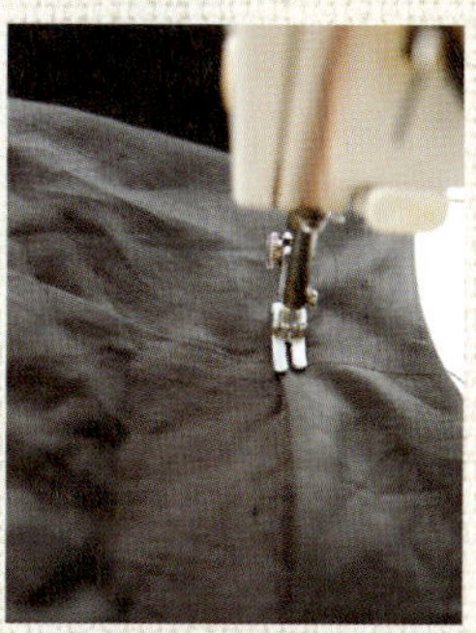

20 몸판의 겉에서 허리선을 눌러 박는다.

21 어깨끈을 뒤판으로 넘겨 ⑥에서 박지 않고 남겨둔 틈에 끼워 고정한다.

22 겉에서 눌러 박는다. 밑단을 2번 접어 박고 뒤판의 여밈단에 단춧구멍을 만든 다음 단추를 단다.

캐미솔 탑

Photo → 62p

110cm 폭 스칼럽 장식 40수 면 100cm

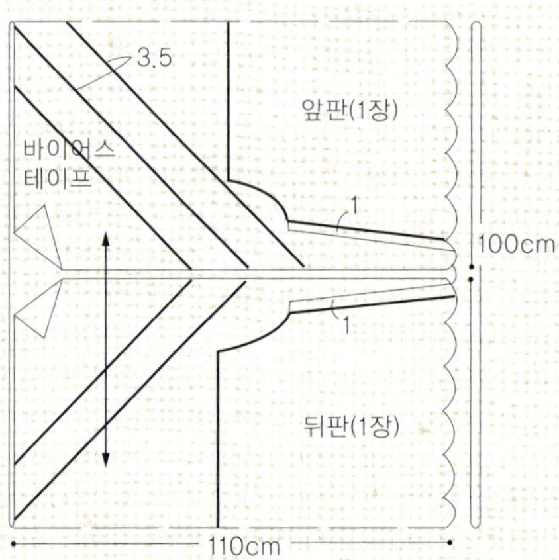

1 초크로 앞뒤판 겉면에 핀턱선을 그린다.

2 3줄의 핀턱선 중 가운데 선을 접은 후 시침핀으로 고정한다.

3 겉면에서 핀턱선을 따라 박는다.

4 핀턱을 모두 박은 후 한쪽 방향으로 눕혀 다린다.

5 앞판과 뒤판의 안쪽 면을 맞대고 옆선의 완성선과 시접 끝선의 가운데를 박는다(완성선에서 0.5cm 밖으로 나간 선을 박는 것임).

6 겉면이 바깥으로 나오도록 뒤집은 후 옆선의 완성선을 따라 박아 통솔 처리한다.

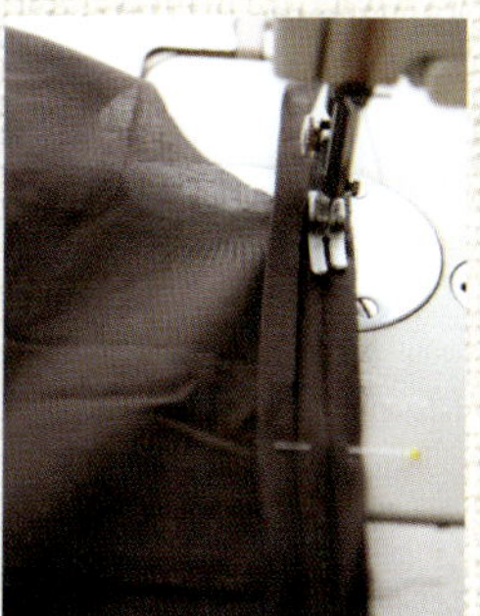

7 앞뒤판의 네크라인 안쪽에 바이어스테이프의 겉면을 대고 박는다.

8 바이어스테이프를 겉쪽으로 넘긴 다음 시접을 감싸 박는다.

9 어깨끈으로 사용할 바이어스테이프를 만들어 길이대로 자른 후, 양끝을 겉끼리 맞대고 박는다.

10 몸판 옆선에서 1cm 옆에 어깨끈의 이음선이 오도록 한다. 이렇게 해야 옆선이 투박하지 않다.

11 진동선의 안쪽에 어깨끈의 겉면을 대고 시침핀으로 고정한 후 박는다.

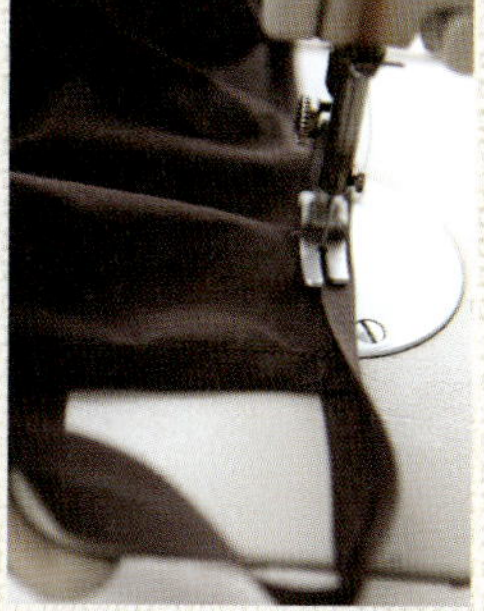

12 어깨끈을 겉쪽으로 꺾어 시접을 감싸면서 눌러 박는다.

Photo → 64p

튜닉 블라우스 실물 패턴

원단

150cm 폭 30수 면 140cm

부자재

10mm 단추 1개

재단

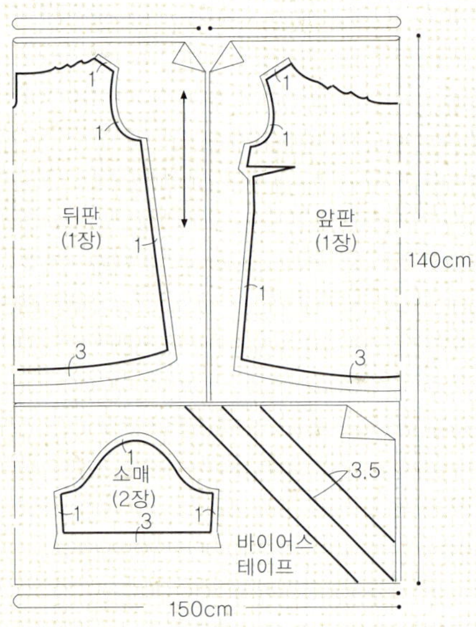

만드는 법

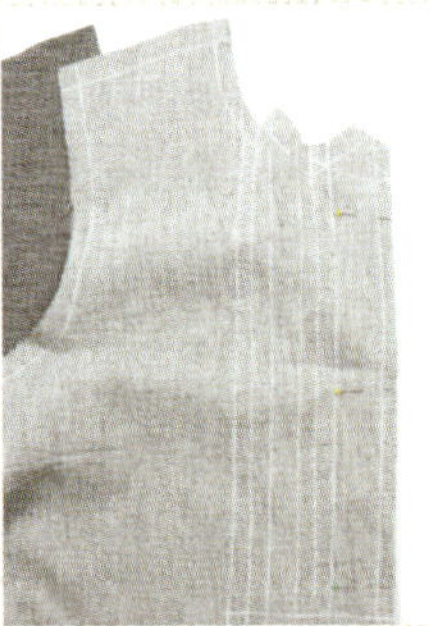

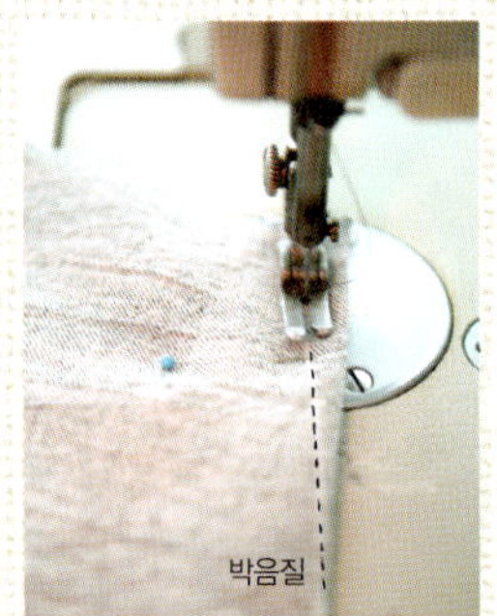

1 앞뒤판의 안쪽 면에 핀턱선을 초크로 그린다.

2 3줄의 핀턱선 중 가운데 선을 접은 후 시침핀으로 고정해 박는다.

3 앞판의 다트를 접어 시침핀으로 고정한다.

4 다트선을 따라 박는다.

5 다트는 위로 꺾어 다린다.

6 뒤판의 트임 안쪽 면에 바이어스테이프의 겉을 대고 박는다.

7 시접을 감싸며 바이어스테이프를 겉으로 꺾어 눌러 박는다.

8 앞뒤판을 겉끼리 맞닿도록 포개놓고 어깨선을 박는다(시접은 한꺼번에 오버로크나 지그재그 스티치로 처리한다).

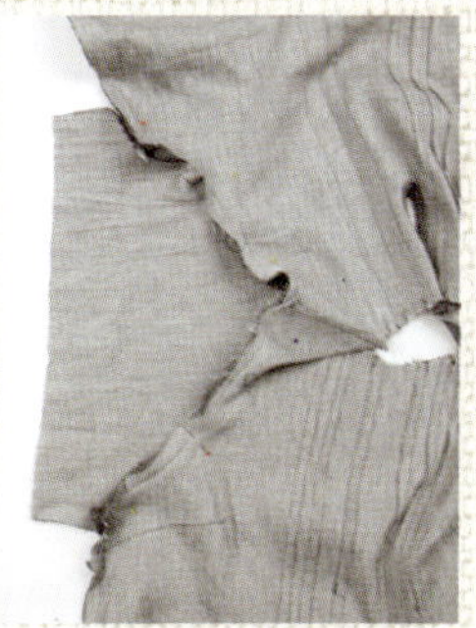

9 몸판과 소매를 겉끼리 맞대고 박는다.

10 시접은 한꺼번에 오버로크나 지그재그 스티치로 처리한 후 몸판 쪽으로 꺾어 다린다.

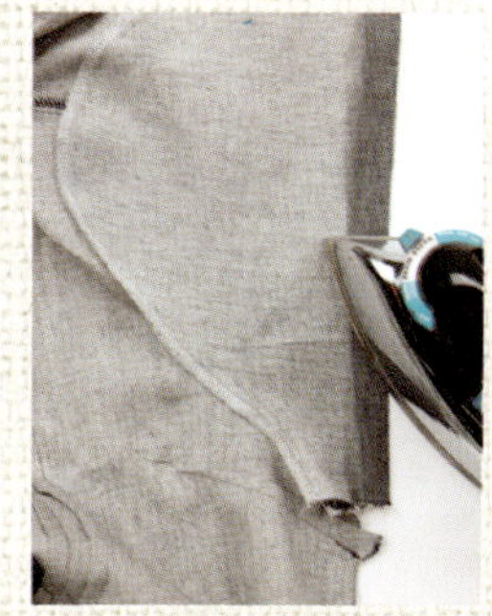

11 소맷단 시접은 1cm, 2cm씩 2번 접어 다린다.

12 소맷단의 끝에서 밑단의 끝까지 옆선을 한번에 박는다(시접은 한꺼번에 오버로크나 지그재그 스티치로 처리한다).

13 바이어스테이프의 겉면을 네크라인의 안쪽에 대고 시침핀으로 고정한다. 이때 양끝의 1cm는 뒤판 트임 부분을 감싸 접어 박는다.

14 네크라인을 따라 바이어스테이프와 함께 박는다.

15 루프를 만들어 뒤판의 왼쪽에 끼워 고정한다 (루프의 길이는 시접 포함 4.5cm).

16 루프를 감싸면서 바이어스테이프를 접어 겉에서 눌러 박은 후, 뒤판의 정해진 위치에 단추를 단다.

Photo → 58p

랩스커트

150cm 폭 30수 면 140cm

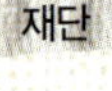

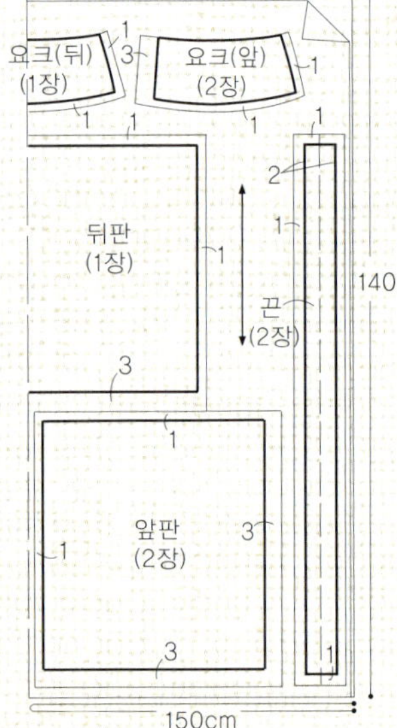

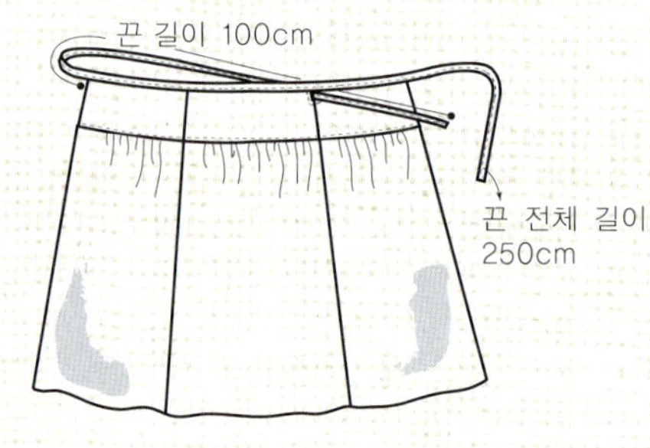

1 스커트 앞뒤판을 겉끼리 맞대고 옆선을 박는다. 시접은 오버로크나 지그재그 스디치로 처리한다.

2 앞뒤판 요크를 겉끼리 맞대고 옆선을 박는다.

3 이때 입어서 오른쪽 옆선에는 끈 구멍을 남기고 박는다.

4 시접은 오버로크나 지그재그 스티치로 처리한다.

5 끈 구멍은 시접을 가른 후 겉에서 테두리를 따라 박음질한다.

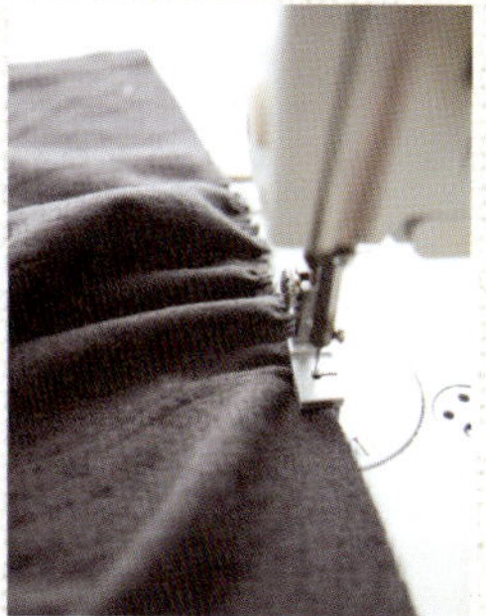

6 스커트의 윗부분에 주름을 잡는다.

7 스커트와 요크를 겉끼리 맞대고 옆선을 맞춘 다음 시침핀으로 고정한다.

8 스커트와 요크를 함께 눌러 박는다. 이때 주름이 있는 쪽에서 박아야 주름 부분이 예쁘게 고정된다.

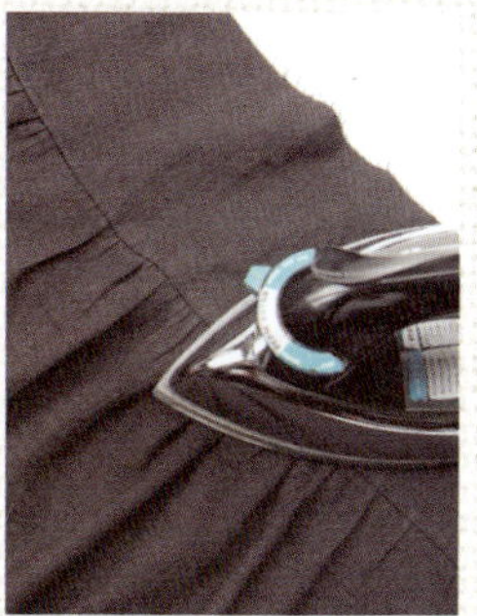

9 시접은 오버로크나 지그재그 스티치로 처리한 후 요크 쪽으로 꺾어 다린다.

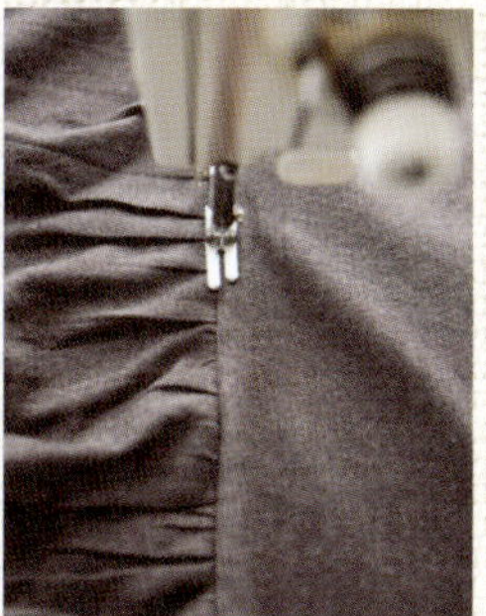

10 요크 겉면에서 요크 아래선을 따라 눌러 박는다.

11 스커트의 밑단과 옆단을 모두 2번 접어 다린다.

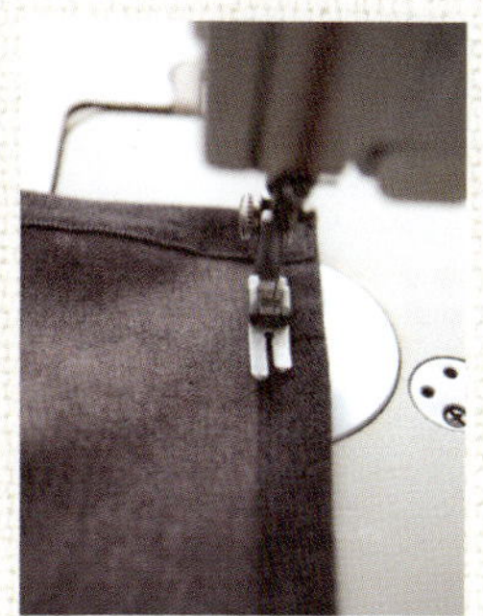

12 시접을 박는다.

13 끈 2장을 이어 1장으로 만든 후, 끈의 시접 양쪽을 접어 다린다.

14 다시 중심을 향해 한 번 접어 다린다.

15 요크 허리선의 안에 끈의 겉을 대고 시침 핀으로 고정한다.

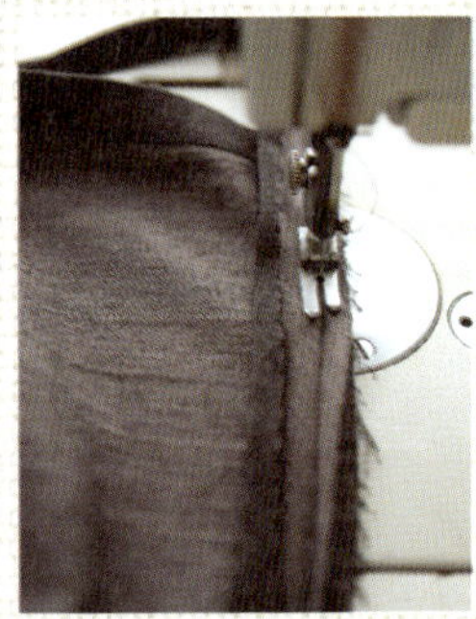

16 끈과 요크 허리선을 함께 눌러 박는다.

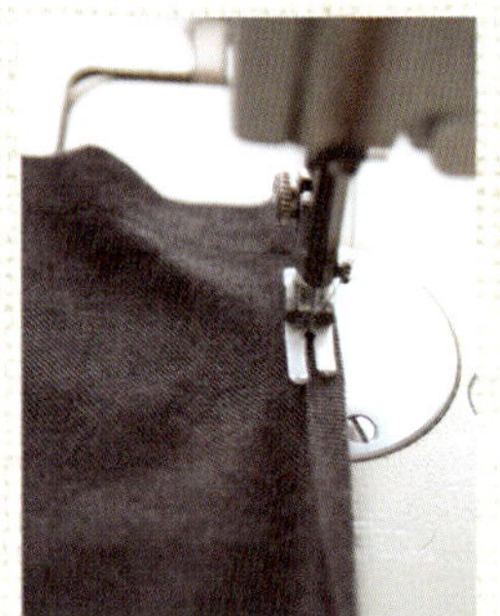

17 끈을 겉으로 뒤집은 다음 시접을 감싸도록 눌러 박는다.

Tip　　**끈은 바이어스 방향으로 재단하는 것이 편리해요**

랩스커트는 원단의 선택이 중요한 옷 중 하나. 너무 두툼하거나 힘 있는 원단으로 만들면 옷이 자칫 부해 보일 수 있으니 주의한다. 길이가 긴 끈을 만들 경우 원단에 여유가 있다면 식서 방향보다 바이어스 방향으로 재단하는 것이 접어 다리기도 편리하고 바느질의 완성도도 훨씬 뛰어나다.

화이트 원피스 실물패턴

원단
110cm 폭 리넨 250cm

부자재
접착심지, 10mm 단추 1개

재단

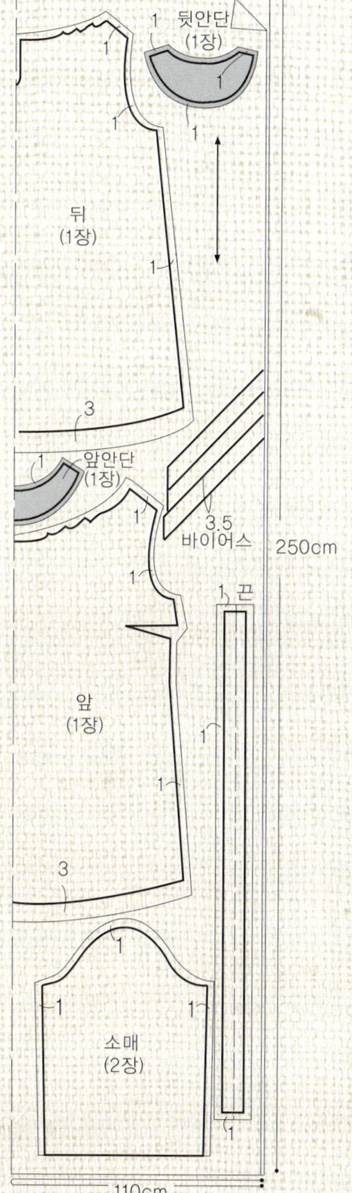

만드는 법

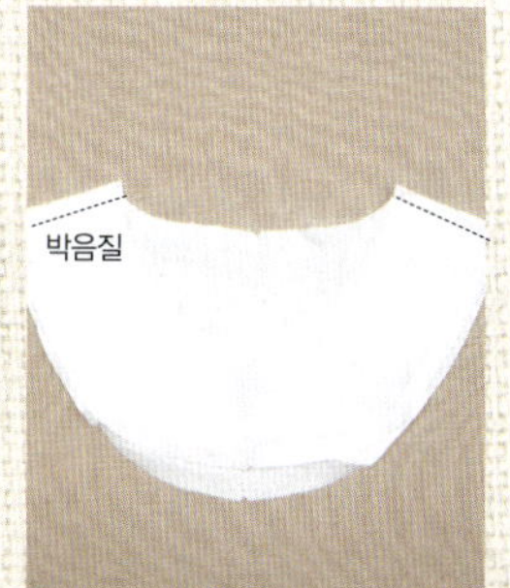

1 튜닉 블라우스와 반대로 겉면에 핀턱선을 그린 후 핀턱을 잡는다. 튜닉 블라우스 만드는 과정과 동일하게 앞판 다트 박기→어깨선 박기→소매 달기→옆선 박기의 순서로 바느질한다. 단, 소매를 단 후 옆선을 박기 전에 소맷단에 주름을 먼저 잡아야 한다

2 안단 앞뒤판을 겉끼리 맞닿도록 포갠 후 어깨를 박는다.

* 일반적인 방법으로 만들 경우에는
안단에 접착심지를 미리 붙이지만,
안단의 시접선을 깔끔하게 처리하기 위한
바느질법을 사용할 때는
안단의 접착심지를 미리 붙이면 안 된다.

━━━ 접착심지 붙이는 곳

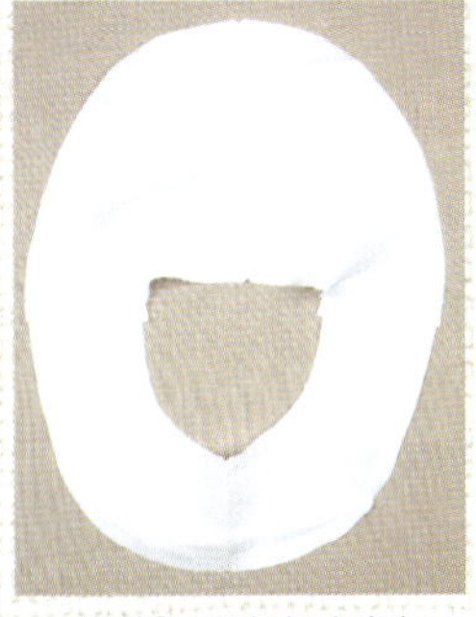

3 시접은 갈라서 다린다.

4 앞뒤 접착심지의 매끄러운 면을 서로 맞닿게 해서 어깨선을 박는다.

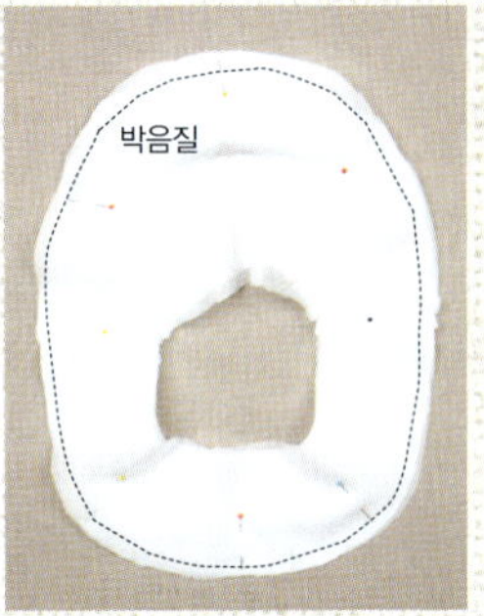

5 안단의 겉과 접착심지의 매끄러운 면이 서로 맞닿게 한 후 시침핀을 꼼꼼히 꽂아 완성선을 빙 둘러 박는다(네크라인은 박지 않는다).

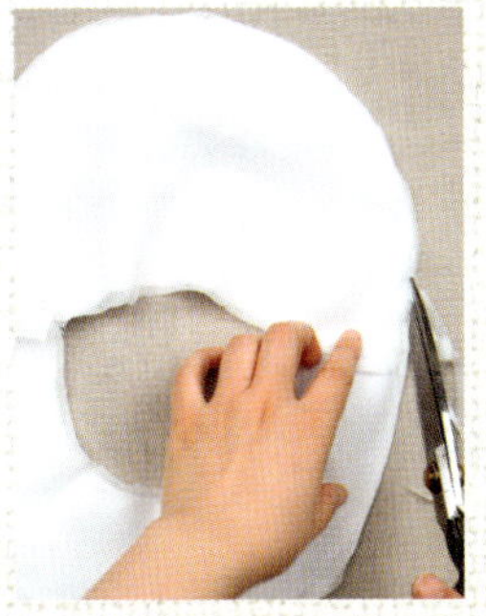

6 시접은 0.5cm 남기고 잘라낸다.

7 안단의 안과 접착심지의 까슬한 면이 서로 맞닿도록 뒤집어 다리미로 접착심지와 안단을 접착 시킨다.

8 안단의 겉에서 다시 한 번 다림질한다.

9 이렇게 하면 안단의 시접선이 깨끗하게 처리된다.

10 루프(시접 포함 4.5cm)를 만들어 뒤판의 겉면 트임 위치에 고정해 박는다.

11 뒤판과 안단을 겉끼리 맞닿도록 포개 고 뒤트임 위치가 어긋나지 않게 잘 맞춘다.

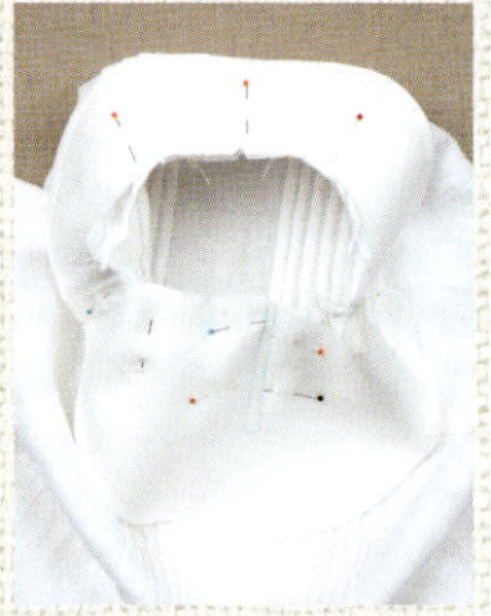

12 몸판과 안단의 앞뒤 중심, 어깨선 위치를 잘 맞춰 네크라인을 따라 시침핀으로 꼼꼼히 고정한다.

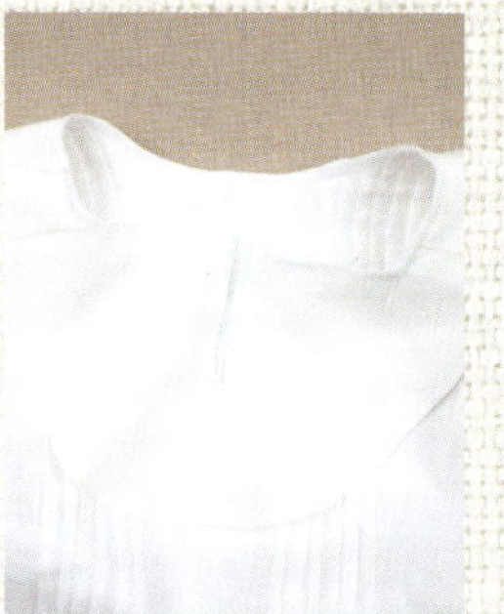

13 네크라인과 트임선을 빙 둘러 박은 후 시접을 0.5cm 남기고 잘라낸다(트임 아래쪽은 각이 많이 진 부분이므로 가윗밥을 몇 곳 넣어주는 게 좋다).

14 뒤집어 다린 후 반대 편에 단추를 단다.

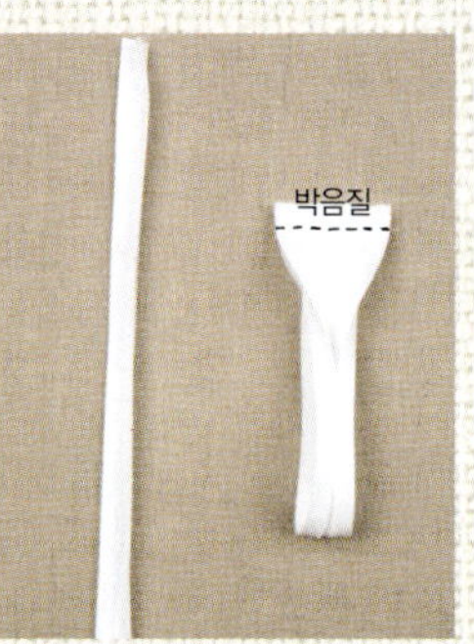

15 소맷단 처리용 바이어스테이프를 접어 다린 후, 양끝을 겉끼리 맞대고 박는다.

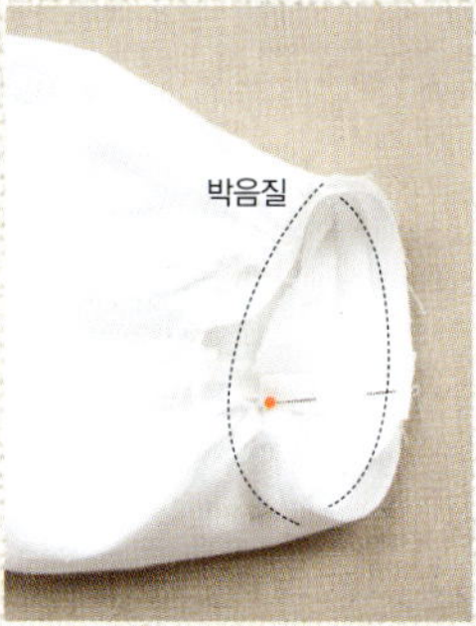

16 소맷단 안에 바이어스단 겉이 맞닿도록 시침핀으로 고정한 후 빙 둘러 박는다.

17 바이어스테이프를 겉으로 꺾어 시접을 감싸 눌러 박는다. 밑단의 시접을 2번 접어 다린 후 박고, 필요에 따라 허리끈을 만들어 단다(허리끈 완성 사이즈 : 1×180cm).

joy of making 배효숙의

리넨+거즈 DIY

1판 1쇄 발행 2009년 11월 30일
1판 5쇄 발행 2014년 11월 21일

작품 · 일러스트 | 배효숙
사진 | 임명산

발행인 | 김재호
출판국장 | 박태서
출판팀장 | 이기숙

편집장 | 박혜경
진행 | 조은하
마케팅 | 이정훈 · 정택구 · 박수진
교정 | 고연주
인쇄 | 중앙문화인쇄

펴낸곳 | 동아일보사
등록 | 1968.11.9(1-75)
주소 | 서울시 서대문구 충정로 29(120-715)
마케팅 | 02-361-1030~3 팩스 02-361-1041
편집 | 02-361-0967 팩스 02-361-0979
홈페이지 | http://books.donga.com

ISBN 978-89-7090-758-1 13590
값 14,800원